毎日楽しい!

はじめての トイ・プードルの育て方

SkyWan! Dog School 代表
井原 亮・監修

はじめに

〜トイ・プードルと暮《く》らすということ〜

トイ・プードルは、
ぬいぐるみのように
かわいい小型犬《こがたけん》で、
日本でいちばん
人気のある犬種《けんしゅ》です。

くるくるのまき毛に、
つぶらなひとみ。
そのうえ元気いっぱいで、頭もいい。
すぐにでもいっしょに暮らしたい！
と思ってしまいますね。

でもその前に、もう一度
家族でよく考えてみて
ほしいのです。

毎日のお世話に、
朝晩《あさばん》のお散歩《さんぽ》、

こまめなお手入れに、
病気になったときの
看病《かんびょう》……。

——これが、
15年くらいつづきます。

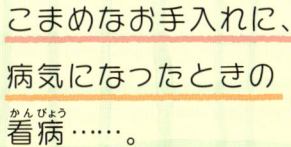

おりこうな子ばかり
ではないし、
いたずらを
してしまうことも
あるでしょう。

飼《か》い主《ぬし》さんの思いどおりに
いかないことが
たくさんあります。

だけど、ゲームではないから、
「やーめた！」はできないんです。

だってお世話を
やめてしまうことは、

トイ・プードルを
殺《ころ》すことと
同じなのですから。

不幸《ふこう》なトイ・プードルを
増《ふ》やさないためにも、
自分がトイ・プードルを
飼《か》えるのか、
じっくり考えてください。

ゆっくり家族と
話しあって、
そのうえで
「やっぱり飼いたい！」
と思ったら、
かならず大切に
育ててください。

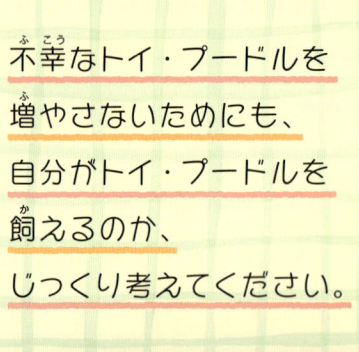

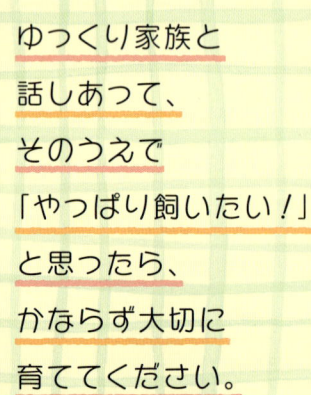

いっぱい遊んで、いっぱいかわいがって、
いっぱいお世話をして、

大切に育てられた
トイ・プードルは、
あなたにたくさんの
幸せを与《あた》えてくれ、
かけがえのないことを
教えてくれるはずです。

おうちの方へ

トイ・プードルの寿命は、平均で15〜16年。お子様にとってトイ・プードルは、新しい弟・妹として、またよき友だちとして、かけがえのない存在になってくれることでしょう。ですが、トイ・プードルはお子様がひとりでお世話できるものではありません。お世話の管理責任者は、あくまで保護者の方なのです。ぜひ、お子様といっしょにトイ・プードルのことを知り、正しい知識をもってください。この本では、お子様には説明がむずかしい内容や保護者の方にとくに知っておいていただきたい内容を「おうちの方へ」という囲みとしてページに入れました。お子様が責任感をもってトイ・プードルと接していけるよう、保護者の方にサポートしてもらえればと思います。

登《とう》場《じょう》人《じん》物《ぶつ》紹《しょう》介《かい》

ずっとトイ・プードルを
飼《か》いたかったんだ！
ちゃんとお世話
できるかな？

ケンタくん

小学校3年生の男の子。
やんちゃで、元気いっぱい。

ボクたちのこと、
きちんと勉強して
ほしいな！

ぷうた

オスのトイ・プードル。
ユイちゃん、ケンタくんの
もとへやってきた。

はじめて
トイ・プードルを飼うの。
いっしょに勉強しようね！

ユイちゃん

小学校5年生の女の子。
しっかりもので、やさしい性格《せいかく》。

目次

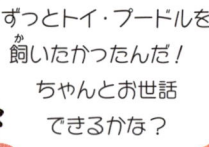

PART 2

トイ・プードルを迎《むか》えよう

PART 3

基本《きほん》のお世話のしかたを知ろう

PART 4

トイ・プードルと快適《かいてき》に暮《く》らそう

PART 5

トイ・プードルともっと仲《なか》よくなろう

PART 6

トイ・プードルの健康《けんこう》を守ろう

PART 1
飼《か》う前に知っておこう

トイ・プードルってどんな犬？

「トイ・プードルと暮《く》らしてみたい！」と思ったら、
まずはトイ・プードルがどんな動物なのか知ることからはじめましょう。
歴史《れきし》や習性《しゅうせい》を知ることで、お世話に役立てることができるはず。

品種改良《ひんしゅかいりょう》で小型《こがた》になった猟犬《りょうけん》

「プードル」はドイツ語の「水をはね返す」という言葉が由来で、猟師が湖などにうち落とした鳥を、泳いでとりに行く猟犬でした。約《やく》500年前からペットとして一般《いっぱん》家庭でも飼《か》われるようになりましたが、プードルは20kgの体重をもつ大型《おおがた》犬だったため、飼いやすいように小型化されたのがトイ・プードルです。

かしこくて頭がよい

犬は、幼稚園《ようちえん》に通う子どもと同じくらいの頭のよさとされています。トイ・プードルは犬のなかでもとくにかしこい犬種《けんしゅ》で、室内でも飼いやすく、しっかり教えればトレーニングやトリックも覚《おぼ》えてくれますよ。

ボクたちプードルの仲間は、すべての犬種のなかで、ボーダー・コリーについで2番目に頭がよいといわれているんだ！

運動が大《だい》好《す》き

先祖《せんぞ》が猟犬だったトイ・プードルは、体を動かすことが大好き！　好奇心《こうきしん》たっぷりのエネルギッシュな性格《せいかく》なので、走りまわっていることが多く、じっとしているのはちょっと苦手です。

毛が抜《ぬ》けにくい

トイ・プードルは季節《きせつ》による毛の生えかわりがなく、毛が抜け落ちにくい犬種です。ただし、放っておくと伸《の》びつづけてしまうので、こまめにトリミングサロンに行ってカットする必要《ひつよう》があります。

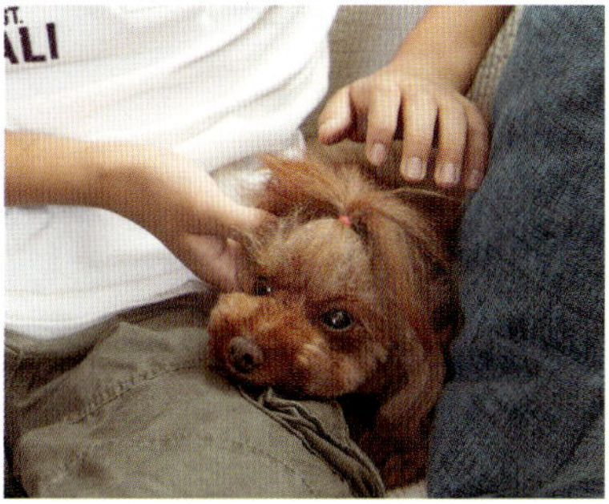

いっしょに暮《く》らす人によって…
トイ・プードルは、かしこくて運動が大好き！
オスワリ！
サーカスでも大かつやくしています。
教えたことをどんどん覚えるトイ・プードルだからこそ、
トレーニング
トイレの場所
トリック
社会化
お散歩
育て方によって、いい子にも困《こま》った子にもなるんです。
いい子に育てよう！

トイ・プードルはこんな人にぴったり!

かしこくて運動神経《しんけい》がよいトイ・プードルは、「犬といっしょに思いっきり遊びたい!」という人にぴったり!
逆《ぎゃく》に、あまり手をかけられない人には向かない犬種《けんしゅ》です。

いっしょに
遊びたい!

かしこくて運動神経がばつぐんなトイ・プードルは、ボール遊びやフリスビー遊びが大好《だいす》き! 犬と遊べる公園で、思いっきり遊びましょう。

✕ お散歩《さんぽ》に毎日行けない

体を動かすのが大好きなので、運動ができないと大きなストレスを感じてしまうかも。1日2回は散歩に行って、めいっぱい運動させる必要《ひつよう》があります。

1日2回、朝と夕方の
お散歩は、できるだけ
毎日行ってね。

おしゃれを
楽しみたい!

トリミングサロンでカットすれば、おしゃれに変《へん》身《しん》させられます。人気のモコモコカットにしたり、個性的《こせいてき》にしてみたりと、いろいろなおしゃれを楽しめるのもトイ・プードルの魅力《みりょく》です。

✕ こまめにお手入れできない

定期的《ていきてき》にトリミングサロンに連《つ》れて行ったり、お手入れをしたりできない人はトイ・プードルを迎《むか》えられません。お手入れが不《ふ》十分《じゅうぶん》だと、病気にかかりやすくなります。

少なくとも2か月に
1回はトリミングサロンに
出かけよう。

あこがれのトリックを教えたい！

新しいことを覚《おぼ》えるのが大好きなので、オスワリやフセなどのトレーニングから、オテ、ハイタッチなどのトリックまで楽しんで覚えてくれるはず。

✕ トレーニングの時間をとれない

トレーニングをしないと困《こま》った行動を正しいと思いこんで、注目してもらおうとしてその行動をくり返すようになります。

いくら頭がよいからって、教えなければできるようにはならないよ。

いっしょに旅行に行きたい！

体が小さく毛が抜《ぬ》けにくいトイ・プードルは、いっしょに旅行したりドライブに行くには最適《さいてき》な犬種です。

✕ 無理《むり》をさせてしまう

飼《か》い主《ぬし》さんが喜《よろこ》ぶ顔を見るのが大好きなので、つらくても無理をしてしまうことがあります。 自分の都合でトイ・プードルを連れまわすのはやめましょう。

飼い主さんとお出かけすることは大好きだけど……

“個体差《こたいさ》”を知っておこう

人間でも勉強が得意《とくい》な人、苦手な人がいるように、
同じトイ・プードルでもいろいろな子がいます。
洋服はキライだよ
のんびりした性格だよ
水はこわいよ
「トイ・プードルはこう！」って決めつけないで。
これキライ……
トイ・プードルっておしゃれ好きだと思ってたのに～
その子の個性《こせい》にあわせて、できることを楽しもう。
スピン！

体のしくみはどうなっているの？

トイ・プードルが見る世界、聞こえる音は、人間とは大きく異《こと》なります。
トイ・プードルたちの体のしくみと感覚《かんかく》を理解《りかい》して、
彼《かれ》らの気持ちがわかる飼《か》い主《ぬし》をめざしましょう。

モコモコのまき毛とアーモンド型《がた》の目、小さな体が特《とく》徴《ちょう》のボクたちは、「ぬいぐるみみたい」なんていわれることも多いんだ。だけど、運動神経《しんけい》とかしこさは、世界中の犬のなかでもトップクラスだよ！

耳

幅《はば》が広くて長いたれ耳は、目の横についています。耳の中にも毛がたくさん生えています。

トイ・プードルの大きさ

体高《たいこう》……28cm以下
体長……28cmくらい
体重《たいじゅう》……3kg以下

トイ・プードルは、スクエア型《がた》（体高と体長が同じ長さで、正方形に近いこと）が理想的《りそうてき》といわれています。

口

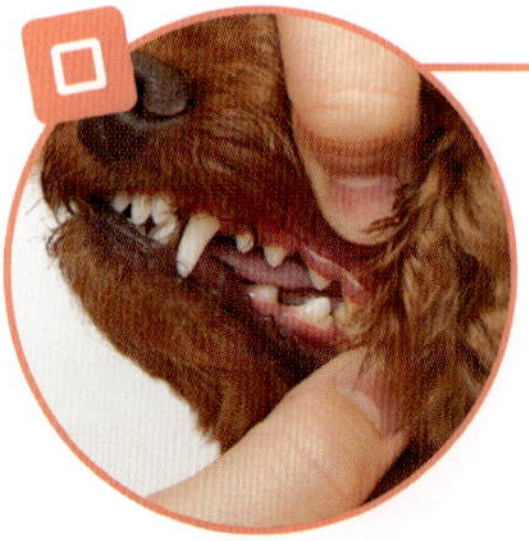

くちびるは黒で、歯は子どものころは28本、おとなになると、42本になります。

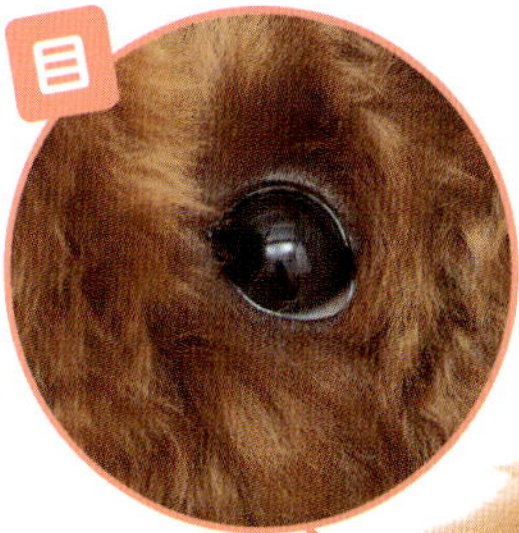

目

黒っぽい色のアーモンド型で、目の間隔《かんかく》はほかの犬種《けんしゅ》とくらべてはなれています。

鼻

ほかの犬種にくらべると鼻の穴《あな》が大きく、色は黒色か赤茶色です。

前足・後ろ足

筋肉質《きんにくしつ》でまっすぐなのが特徴。肉球は、黒い色をしていることが多いです。

しっぽ

高い位置《いち》についていて、上を向いているのが特徴。しっぽにもたくさんの毛が生えています。

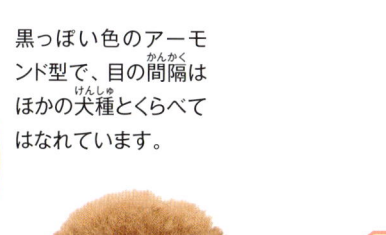

トイ・プードルの能力《のうりょく》

ボクたちは人間にも負けない感覚《かんかく》をたくさんもっているんだ。とくに、においを嗅《か》ぐ力と音を聞く力は人間の何倍もあるよ。ここでは、ボクたちが感じている世界を少しだけ紹介《しょうかい》するよ！

視《し》力《りょく》

動くものを見る力が高く、暗いところもよく見える

犬は、狩《か》りをしていたころの習性《しゅうせい》で、小さくてスピードがはやい小動物をつかまえるための「動体視力《どうたいしりょく》」がばつぐん！　狩りはおもに夜行なうため、暗い場所でも動くものを見ることができます。ただし、動いていないものを見る力は人間より低《ひく》く、近くのものしかきれいに見ることができません。

嗅《きゅう》覚《かく》

もっとも優《すぐ》れた感覚で人間の100万倍も！

犬のもつさまざまな能力のなかでも、いちばんすごいのが、この嗅覚です。においを感じる力は人間の100万倍といわれ、食べられるものを嗅《か》ぎわけたり、犬同《どう》士《し》のコミュニケーションにも利用《りよう》しています。

警察《けいさつ》犬は、嗅覚を使って人間を助けているんだよ。

聴《ちょう》覚《かく》 超音波《ちょうおんぱ》も聞こえるレーダーアンテナ！

人間が聞きとれる音が20,000ヘルツまでであるのに対して、犬は35,000ヘルツの超高音を聞くことができます。犬笛は、人間には聞こえない30,000ヘルツの超音波を出して、犬だけをよぶための笛で、トレーニンググッズとして使われています。

※ヘルツ…… 聞きとれる音の高さをあらわす単位

味《み》覚《かく》 甘《あま》みや苦みを判断《はんだん》することができる

犬はいろいろなものを食べる雑食《ざっしょく》の人間とくらべると、味を判断する力が発達《はったつ》していません。ですが、甘さとしょっぱさ、苦さ、すっぱさは感じることができます。

脚《きゃく》力《りょく》 ジャンプ力がばつぐんで、サークルをとびこえることも！

トイ・プードルは小型犬《こがたけん》のなかでもとくにジャンプ力が高く、1メートルの高さのさくをとびこえてしまうことがあります。走るスピードは、最高《さいこう》時速が50kmくらいで、これは自動車と同じ速さです。

豆知識《まめちしき》 犬は長距離《ちょうきょり》ランナー

犬は短距離《たんきょり》を全力で走るより、長い距離を走ることが得意《とくい》な動物です。狩りをしていたころは、長い時間をかけて相手を追いかけ、疲《つか》れた獲《え》物《もの》をつかまえていました。

見える色、見えない色
人間と犬は、見える色が違《ちが》います。
たとえば、犬は赤と緑の見わけがつかないと考えられています。
あれ……？同じボールかな？
緑
赤
つまり、人間にはこう見えても……
赤いボールはあそこね
トイ・プードルには、すべて同じ色に見えるのです。
どこだろう？
色選《えら》びは大切だね！

トイ・プードルの成長《せいちょう》と寿命《じゅみょう》は？

トイ・プードルの成長は人間とくらべるととてもはやく、
1才でおとなになり、10才でもうおじいちゃん・おばあちゃんです。
トイ・プードルの成長を、人間とくらべてみましょう。

トイ・プードルと人間

トイ・プードル	1か月	3か月	6か月	1才
人間	1才	5才	9才	17才

母犬、兄弟犬とよりそって暮《く》らす

生まれたばかりの子犬は、母乳《ぼにゅう》を飲みながら1日のほとんどを寝《ね》てすごします。母犬、兄弟犬と遊びながら、よりそって生活するのです。

数回のワクチンを打ち、家族として迎《むか》えられる

兄弟犬と走ったりじゃれたりしながら成長します。ワクチンを打ち、飼《か》い主《ぬし》さんの家に迎えられるのがこの時期で、離《り》乳食《にゅうしょく》から子犬用のドッグ フードを食べるようになります。

1年たつころにはすっかりおとなに

1年たつころには、立派《りっぱ》なおとなの犬になります。もっとも活発な時期で、子どもを産《う》むこともできます。食事は1日2回をめやすにあげましょう。

半年で追いつかれて、1年でおとなになっちゃうんだ！

の年齢比較表

3才	5才	8才	12才	16才
28才	36才	42才	64才	80才

おじいちゃん・おばあちゃんトイ・プードルになると、体にいろいろな変化が現《あらわ》れるんだ。よく観察《かんさつ》してね！

10才をすぎるとおじいちゃん・おばあちゃんに

10才をすぎると、トイ・プードルは老年《ろうねん》期に入ります。体のさまざまな変化《へんか》にあわせて、トイ・プードルがすごしやすいように飼い主さんがくふうしてあげてください。

平均《へいきん》寿命は15～16年

どんなにかわいがっていても、いつかお別《わか》れのときを迎えます。ですが、平均寿命はあくまでめやす。健康《けんこう》で長生きできるように、しっかりお世話をしましょう。

世界最高齢《さいこうれい》の犬は、29才5か月まで生きたんだよ！

トイ・プードルと暮《く》らす心がまえ

トイ・プードルと暮らすということは、新しい命を家族に迎《むか》えいれるということ。ここまで勉強したことをふまえて、最後《さいご》まで責任《せきにん》をもってお世話ができるか、もう一度よく考えましょう。

トイ・プードルと暮らせるかな？ チェック!!

大丈夫《だいじょうぶ》なら□に✔をつけよう

ひとつでもチェックがつかなかったら、今はトイ・プードルを迎える時期じゃないよ。

チェック1 □ 毎日しっかりお世話ができる

毎日の食事やお散歩《さんぽ》、トレーニングなど、トイ・プードルと暮らすために必要《ひつよう》なお世話はたくさんあります。学校や習い事、おうちの人のお仕事のこともふまえて、責任をもってお世話できるか考えてみましょう。

くわしくは 54ページへ

チェック2 □ 15年後までいっしょに暮らせる

トイ・プードルの寿命《じゅみょう》は、15～16年くらいです。自分がおとなになったときのことを考えて、15年先もお世話ができるか想像《そうぞう》してみましょう。いっしょに暮らしはじめたら、とちゅうでお世話をやめることはできません。

チェック3 □ おうちの人と話しあいができている

トイ・プードルのお世話は、自分の力だけでできるものではありません。家に迎える前に、本当にトイ・プードルを迎えられる状況《じょうきょう》なのか、おうちの人とよく話しあいをしておきましょう。

おうちの方へ

犬は子どもだけで飼える動物ではありません。お世話の主体と管理の責任は、あくまで保護者の方になります。お子様の年齢に応じ、どのお世話をまかせるかを話しあって決め、役割を果たせているか確認してください。

チェック4

安心してすごせる環境《かんきょう》を用意している

犬を飼《か》ってもよい家に住んでいるか、サークルやクレートをおく広さがあるかなど、トイ・プードルが安心してすごせる環境か考えてみましょう。体が動かせない環境だと、ストレスをためてしまい、健康《けんこう》にもよくありません。

くわしくは 42ページへ

チェック5

まわりの人に迷惑《めいわく》をかけないようトレーニングができる

トイ・プードルは室内犬ですが、お散歩などで近所の人と接《せっ》することがあります。また、犬の鳴き声や足音でまわりの人に迷惑をかけてしまうことも。トレーニングの時間をとって、まわりの人に迷惑をかけないように訓練《くんれん》する必要《ひつよう》があります。

くわしくは 106ページへ

チェック6

信用《しんよう》できる動物病院を見つけてある

トイ・プードルが病気やケガをしたとき、すぐに連《つ》れて行ける動物病院をさがしておきましょう。迎える前に見つけておけば、迎えてすぐにストレスで体調をくずしても安心です。

くわしくは 142ページへ

かならず最後まで責任をもとう

右の図は、平成22年の1年間で、捨《す》てられるなどして殺《ころ》された犬の数です。一生お世話をする覚悟《かくご》がない飼《か》い主《ぬし》さんに迎えられた犬は、さみしい思いをしながら処分《しょぶん》されます。トイ・プードルの平均《へいきん》寿命は15年くらいです。いまから15年後のことを想像して、最後まで責任をもっていっしょに暮らせる自信がないのなら、飼うのはやめておきましょう。

全国の自治体《じちたい》における犬の収容《しゅうよう》・処分数（平成22年度）

飼い主などが連れてきた犬	37,431頭
捕獲《ほかく》・保護《ほご》された迷《まよ》い犬・捨《す》て犬	49,265頭

このうち、飼い主さんが迎えにきた迷い犬や、新しい飼い主さんに引きとられた幸運な犬は、あわせて**34,372頭**です。お迎えがなく、処分された犬は、**53,473頭**もいます。

※NPO法人 地球生物会議 ALIVE「全国動物行政アンケート結果報告書」より抜粋

「なつかない」「思っていたのと違《ちが》う」なんていう理由で捨ててしまう無責任《むせきにん》な飼い主さんもいるんだ……。最後までいっしょにいられないなら、最初《さいしょ》から飼わないでね。

トイ・プードルの色《いろ》図《ず》鑑《かん》

トイ・プードルにはたくさんのカラーがあります。
ここでは、ペットショップなどでよく見られる
代表的な6つの色を紹介《しょうかい》します。

トイ・プードルの代表的な6色

- レッド
  くわしくは 25ページへ

- アプリコット
  くわしくは 26ページへ

- ブラウン
  くわしくは 27ページへ

- ブラック
  くわしくは 28ページへ

- ホワイト
  くわしくは 28ページへ

- シルバー
  くわしくは 29ページへ

トイ・プードルのカラーは、日本で正式に認《みと》められているものだけで14色もあるんだ。ここでは、そのなかでもとくに人気の6色を紹介するよ！

豆《まめ》知《ち》識《しき》 カラーによって性格《せいかく》が変《か》わる？

カラーによって性格が変わるという説《せつ》もあります。レッドは活発、ブラウンはマイペース、ホワイトは甘《あま》えんぼなどといわれますが、人間の血液型診断《けつえきがたしんだん》と同じで、科学では証明《しょうめい》されていません。

レッド

赤みがかったブラウンで、
人気ナンバー1のカラーです。
レッドは同じ色でも毛色に差《さ》があり、
濃《こ》いめの子や、アプリコットに近い
うすい色の子もいます。

人気のテディベア・カットがいちばん似《に》合《あ》うカラーです。

子犬のころがいちばん毛色が濃く、1才をすぎてからうすくなっていくことがあります。

アプリコット

やさしい色みのオレンジカラーです。
トイ・プードルの本場フランスでは
いちばん人気のカラーなのだとか。
さらにうすい色は、「クリーム」とよばれます。

日本では、レッドの次に人気があるカラーです。

レッドやアプリコットは、最近《さいきん》生まれたカラーなんだ。ブラウンをもとにして、人間がつくったカラーだよ。

子どものころはレッドに近い子もいますが、成長《せいちょう》すると色がうすくなっていきます。

ブラウン

落ちついた茶色で、
ブラック、ホワイトとならんで、
昔からある、トイ・プードルの
基本的《きほんてき》なカラーのひとつです。

トイ・プードルは、全身が1色なのが理想的《りそうてき》とされています。

ブラウンも、テディベア・カットが似合《にあ》うカラーです。

豆《まめ》知識《ちしき》

成長して、色がうすくなることも！

トイ・プードルは、成長すると色がうすくなることがあります。右のトイ・プードルは、このページで紹介《しょうかい》した「ブラウン」と同じカラーです。トイ・プードルには自然《しぜん》なことで、病気というわけではないので、気にする必要《ひつよう》はありません。

ブラック

昔からあるカラーのひとつです。
目、鼻、くちびるすべてが真っ黒で、
皮膚《ひふ》は少し青っぽい色をしています。
毛が丈夫《じょうぶ》で、量《りょう》が多いです。

全身が真っ黒なので、横を向くとどこが顔なのかわかりにくい!?

ブラックのなかでもとくに深い黒を「ジェットブラック」ということも。

ホワイト

トイ・プードルのカラーのなかで
もっとも代表的《だいひょうてき》なのがホワイト。
昔から人気のある色で、
上品なイメージがあります。
目や鼻、くちびるは黒色です。

ホワイトは、成《せい》長《ちょう》しても色が変《か》わらないことが多いようです。

シルバー

銀色の毛で、ブラックとホワイトをもとに生まれたカラーです。
子犬のころは真っ黒で、成長するとじょじょに色がうすくなってシルバーになります。

上品なイメージのシルバー。シャイな性格《せいかく》の子が多いとも。

ホワイトは、顔の毛をそったカットがとても似《に》合《あ》います。

トイ・プードル
なるほど
コラム1

トイ・プードルの仲間《なかま》たち

ボクたちトイ・プードルは、水猟犬《すいりょうけん》として活躍《かつやく》していたスタンダード・プードルを、家庭でも飼《か》えるように人間の手で小型化《こがたか》した犬種《けんしゅ》だよ。プードルの仲間たちのなかでもっとも小さな体をもっているんだ。2012年現在《げんざい》、体高（16ページ）別《べつ》で、スタンダード・プードル、トイ・プードルをふくむ4種類《しゅるい》にわけられているよ。日本のいちばん人気はトイ・プードル！　スタンダード・プードル、ミディアム・プードル、ミニチュア・プードルは数が少なく、とくにミディアム・プードルは、日本に50頭くらいしかいないんだ。

プードルの大きさをくらべてみよう

スタンダード・プードル
ミディアム・プードル
ミニチュア・プードル
トイ・プードル
体高45〜60cm
体高35〜45cm
体高28〜35cm
体高24cm〜28cm

トイ・プードルのなかでもとくに小型のプードルを「ティーカップ・プードル」ということもあるんだ。だけど、正式に登録《とうろく》されたものではないよ。

プードル種《しゅ》のなかでいちばん大きいスタンダード・プードルと、もっとも小さいトイ・プードルがならぶと、大きさの違《ちが》いがよくわかります。

写真協力：
kumako
（DOGYOGA and-eN）

PART 2

トイ・プードルを迎《むか》えよう

トイ・プードルの子犬と出あえる場所

トイ・プードルについて勉強したら、次はいよいよ実際《じっさい》にあいにいきましょう。
子犬と出あえる場所はいろいろありますが、
それぞれのよいところを知って、わが家《や》に迎《むか》える大切な１頭を見つけましょう。

ペットショップ、ブリーダーでさがそう

トイ・プードルの子犬を迎える方法《ほうほう》はいくつかありますが、一《いっ》般的《ぱんてき》な入手方法は、ペットショップに行くか、繁殖《はんしょく》をしているブリーダーから買うかのどちらかです。どちらにしても衝動《しょうどう》買いをせず、じっくり選《えら》んでから決めましょう。

ペットショップ、ブリーダーのよいところ

● ペットショップ

- ✔ グッズをいっしょに買いそろえることができる
- ✔ 気《き》軽《がる》に子犬を見に行ける
- ✔ いろいろな犬を見ることができる

● ブリーダー

- ✔ 母犬や兄弟犬とすごす時間が長いので、コミュニケーション力がつきやすく、社会化させやすい（くわしくは66ページ）
- ✔ 母犬、兄弟犬を見せてもらえることが多い
- ✔ トイ・プードル専門《せんもん》の知識《ちしき》をもったブリーダーが多い

こんなペットショップがおすすめ

トイ・プードルは人気が高い犬種《けんしゅ》なので、ほとんどのショップで子犬を販売《はんばい》しています。店内が清潔《せいけつ》で、子犬をきちんとお世話しているショップを選びましょう。店員さんにいろいろ質問《しつもん》して、きちんと知識《ちしき》があるか確認《かくにん》してみて。

チェック! ショップで確認

- ☐ 店員さんにトイ・プードルの知識がある?
- ☐ 子犬がいる場所はきれい?
- ☐ 子犬どうしで遊ぶスペースがある?
- ☐ 生後45〜50日以下の子を販売していない?

こんなブリーダーがおすすめ

ブリーダーとは、特定《とくてい》の犬種を繁殖させる人のこと。母犬、兄弟犬を見せてもらえるので、子犬の将来《しょうらい》の性格《せいかく》を知るめやすになります。ペットショップとは違《ちが》い、すぐには手に入らないことが多く、予約《よやく》してしばらく待つ必要《ひつよう》があります。

チェック! ブリーダーで確認

- ☐ 施設《しせつ》はきれい?
- ☐ 母犬、兄弟犬を見せてもらえる?
- ☐ 子犬たちは人間になれている?
- ☐ トイ・プードルに多い病気について教えてくれる?

おうちの方へ

ブリーダーで子犬を迎えた場合、多くのペットショップで付帯している「生命保証」がつかないことがあります。万が一、迎えた子犬に命にかかわる先天性の疾患が見つかったり、ウイルス感染によって死亡した場合の保証がありません(保証内容はショップによって異なります)。また、これはショップで迎える場合にもいえることですが、トイ・プードルに関する知識をもたずに購入すると、膝蓋骨脱臼《しつがいこつだっきゅう》(148ページ)といった、生まれもった疾患に気づけないこともあります。信頼できるドッグ・トレーナーなど、犬の専門知識をもった知りあいがいるのであれば、一度子犬を見てもらうとよいでしょう。

お気に入りのトイ・プードルの選《えら》び方

顔つきや性格《せいかく》、健康状態《けんこうじょうたい》、性別《せいべつ》など、一見同じように見えても
トイ・プードルにはそれぞれの“個体差《こたいさ》”があります。
きちんと観察《かんさつ》をして、あなたにぴったりのトイ・プードルを見つけましょう。

ポイント1 健康状態をチェックしよう

トイ・プードルが健康かを確認《かくにん》するためのチェックポイントだよ！ 気になることはお店の人に確認してね。

✓体

軽すぎず、ずっしりと重たい。体がしまっていて、抱《だ》っこしやすい。皮膚《ひふ》にできものなどがない。

✓目

目のまわりが涙《なみだ》や目やにでよごれていない。

✓耳

耳あかが多かったり、黒ずんでいない。へんなにおいがしない。

✓鼻

鼻水が出ていない。つやつやしていて、少しだけしめっている。

✓口

歯が白く、へんなにおいがしない。歯ぐきはピンク色。

✓ひざ

骨《ほね》がしっかりしていて、歩き方がおかしくない。関節《かんせつ》がまっすぐ。

✓おしり

キュッとしまっていて、おしりのまわりがよごれていない。

ポイント2 性格を見きわめよう

ショップについたら、「オイデ」と声をかけてみよう。簡《かん》単《たん》な性格チェックができるよ。だけど、これはあくまでめやす。家に迎《むか》えていっしょに暮《く》らすなかで、性格が変《か》わる子もいるんだ。

元気いっぱいトイ・プードル

すぐに走ってくる犬は、元気いっぱい!トイ・プードルとたくさん遊びたい人に。

おっとりトイ・プードル

少し遅《おく》れてくる犬は、おっとりさん。トイ・プードルとのんびりすごしたい人に。

怒《おこ》りんぼトイ・プードル

いかくしてほえる犬は、怒りんぼ。人間がちょっと苦手な犬なのかも……。

おくびょうトイ・プードル

うずくまっている犬は、おくびょうな子。病気で動けない場合もあります。

ポイント3 オスとメス、どちらがよい?

基本的《きほんてき》にはオスのほうが体は大きくなるよ。個体差はあるけれど、オスは好奇心《こうきしん》があって甘《あま》えんぼな子が多く、メスはやさしくておだやかな子が多いといわれているんだ。

おうちの方へ

親犬がはっきりしているトイ・プードルは、購入の際に祖先犬などの情報が書かれている血統証明書をもらえます。繁殖させたいとき、ドッグショーに出すときに必要になります。

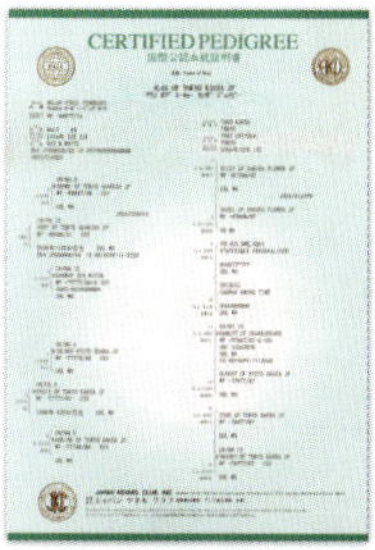

犬名は血統証明書の登録名で、飼い主さんがつけた名前ではありません。犬種や毛色、誕生日、母犬、ブリーダーなどの情報がのっています。

必《ひつ》要《よう》なグッズをそろえよう

トイ・プードルを迎《むか》える前に、必要なグッズを準備《じゅんび》しましょう。
知らない家に来たばかりのトイ・プードルが安心できるように、
すごしやすいスペースをつくってあげることが大切です。

最初《さいしょ》にそろえるグッズ

- クレート くわしくは 37ページへ
- サークル くわしくは 37ページへ
- 子犬用ベッド くわしくは 37ページへ
- トイレトレー・ペットシーツ くわしくは 38ページへ
- フード皿 くわしくは 38ページへ
- おもちゃ くわしくは 39ページへ
- 水飲みボトル くわしくは 39ページへ

じょじょにそろえるグッズ

- 首輪《くびわ》 くわしくは 40ページへ
- リード くわしくは 40ページへ
- ケア用品 くわしくは 40ページへ
- おやつ くわしくは 40ページへ
- キャリーバッグ くわしくは 40ページへ

「最初にそろえるグッズ」以外《いがい》は、まとめて買わなくても大丈夫《だいじょうぶ》よ！

あると便利《べんり》なグッズ

- 洋服 くわしくは 41ページへ
- かみつき防止《ぼうし》スプレー くわしくは 41ページへ
- 消臭剤《しょうしゅうざい》 くわしくは 41ページへ

おうちの方へ　専門店によっては「スターターキット」として必要なものをまとめたグッズを販売している場合もありますが、サイズがあわなかったり必要ないものが入っていたりする場合があるので、避けたほうがよいでしょう。

最初にそろえるグッズ

トイ・プードルを迎える前にかならず用意してほしいグッズだよ。このほかのものは、トイ・プードルを迎えてからゆっくり集めてもOK！

クレート

寝《ね》たり、落ちついてすごすための場所で、トイ・プードルにとって「自分の部屋」となります。外出のときにこのまま持ち運べて便利です。

落ちつかないなあ…

クレートは体にあったサイズを選《えら》びましょう。大きすぎると、安心してくつろげなくなります。成長《せいちょう》して大きくなったら買いかえて。

サークル

トイレを教えるときや、お留守番《るすばん》のときに使います。大きくなると、さくをとびこえることがあるので、高さのある大きめのものを選びましょう。

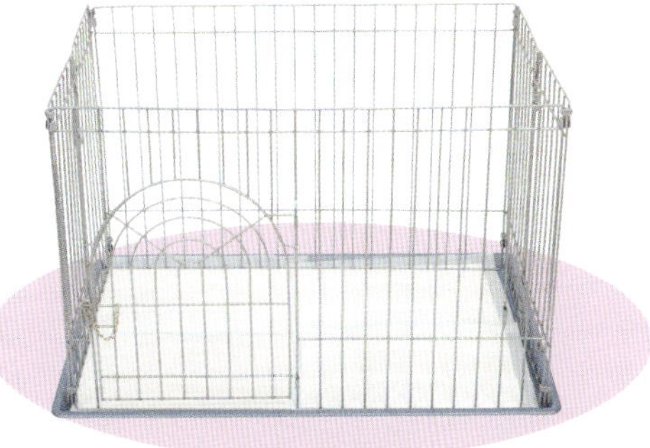

子犬用ベッド

子犬が寝るための専用《せんよう》のベッドです。サークルの中か部屋において、トイ・プードルが落ちつける場所をつくってあげましょう。

Little
Boat

トイレトレー、ペットシーツ

トイレの練習は、子犬を迎《むか》えたその日からスタートします。 ペットシーツはたくさん使うものなので、多めに用意しておきましょう。

トイレトレーは
大きめのサイズを選《えら》ぶと、
トレーニングが
しやすいよ！

●トイレトレー

ペットシーツを固定《こてい》できるトレー。 子犬はトイレの失敗《しっぱい》が多いので、大きめのものを選んでおくと安心です。

●ペットシーツ

メッシュ生地や厚手《あつで》のものなど、さまざまなタイプがあります。 迷《まよ》ったら、店員さんに相談しましょう。

フード皿

フード皿は、いろいろなかたちと素《そ》材《ざい》のものがあります。トイ・プードルが毎日使うものですから、食べやすそうなものを選びましょう。

最初に買う
フード皿は、
シンプルなものに
しておこう！

●ステンレスタイプ

ステンレスタイプは、洗《あら》いやすく清潔《せいけつ》を保《たも》つことができます。 水飲み皿にしてもOK。

●陶器《とうき》タイプ

かわいいデザインが多い陶器タイプ。 安定感があり、引っくり返す心配がありません。

チェック！

悩《なや》みを解消《かいしょう》できるフード皿も

専門店《せんもんてん》には、ひとくふうしてあるフード皿も。 こちらのフード皿は、お皿にでこぼこがついていて、早食いが防止《ぼうし》できるようになっています。

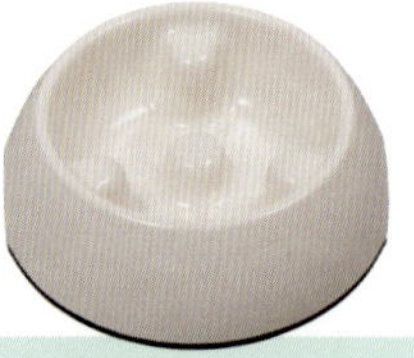

おもちゃ

おもちゃは、ストレスを発散《はっさん》させることができ、トレーニングにも役立ちます。専門店には、ひとり遊び用、飼《か》い主《ぬし》さんと遊べるものなど、たくさんの種類《しゅるい》が！

口に入るような
小さいおもちゃは、
飲みこんでしまう
危険《きけん》があるから
気をつけてね！

●ひとり遊び用

かみたいという気持ちを満《み》たすことができるおもちゃです。

●いっしょに遊べるもの

ボールやフリスビーなどを用意して、トイ・プードルといっしょに遊びましょう。

●ぬいぐるみ

ぬいぐるみを獲物《えもの》に見たてて「つかまえたい」という欲求《よっきゅう》を満足《まんぞく》させられます。

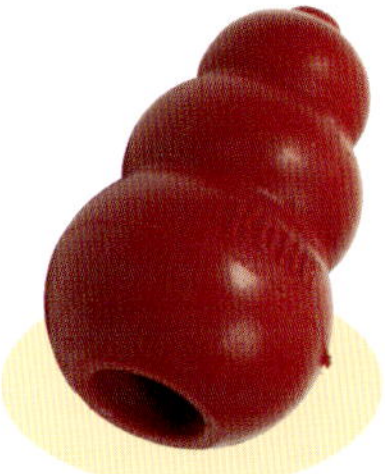

●コング

中にフードをつめてあげることで、犬がわくわくしながら食事をとれます。

水飲みボトル

お留守番《るすばん》中に、水をこぼしてしまうことがないように、お皿ではなく、専用《せんよう》のボトルを用意しましょう。水は外出前に新鮮《しんせん》なものにかえて。

トイ・プードルが
飲みやすい高さに
設置《せっち》してね！

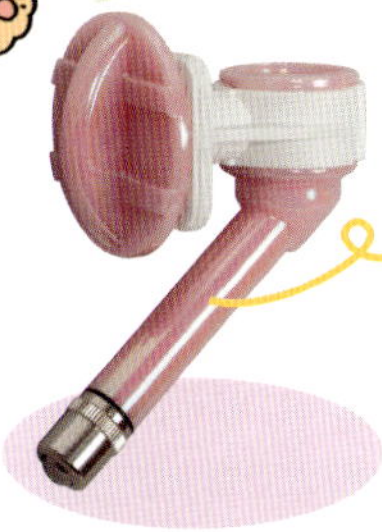

サークルにとりつけて使えるので、引っくり返してサークルをぬらす心配がありません。

チェック！

外出用に、折《お》りたためるタイプも用意しよう

外出するときは折りたためるタイプのお皿を用意しましょう。かさばらず、必要《ひつよう》なときにサッととりだして、フードや水をあげられます。

じょじょにそろえるグッズ

このページで紹介《しょうかい》するグッズは、トイ・プードルを迎《むか》えてからじょじょにそろえていこう。

首輪《くびわ》

首輪は、小型犬用《こがたけんよう》のものを選《えら》び、お散歩《さんぽ》のときはもちろん、災害《さいがい》や脱走《だっそう》したときのことを考え、ふだんからつけておくと安心です。首輪には、連絡先《れんらくさき》を書いた迷子札《まいごふだ》をつけておきましょう。

リード

伸《の》びちぢみするタイプ

リードは、お散歩のときやトレーニングのときに必要《ひつよう》です。小学校4年生以下《いか》の人がお散歩に行く場合は、メインのリードのほかに伸びちぢみするタイプのリードを用意して、おうちの人に持ってもらうと、万が一メインのリードをはなしてしまったときに安心です。

ケア用品

●スリッカーブラシ

毎日のブラッシングに必要です。小型犬用の小さなサイズを選びましょう。

●コーム

細かい部分のケアやブラッシングのしあげに使います。

●ガーゼ

目や耳など、さまざまなお手入れに使うことができます。多めに用意しておきましょう。

●指キャップ

指にかぶせて使うタイプのガーゼ。歯みがきや目のお手入れに使います。

おやつ

dbf
栄養たっぷり
豆乳クッキー
ミルク味
hello!
ダイスカットチーズ
国産
100g

トレーニングのごほうびやお留守番《るすばん》をさせたいとき、お散歩中、注意を引きたいときに使います。牛肉やチーズなど、かおりが強いおやつがトイ・プードルには人気のようです。

キャリーバッグ

クレートより持ち運びしやすいので、とくに電車で外出するときに役に立ちます。

あると便《べん》利《り》なグッズ

外出やトレーニングに
役立つグッズを
紹介するよ！

洋服

●熱中症《ねっちゅうしょう》を防《ふせ》ぐ

ポケットに冷却剤《れいきゃくざい》を入れることができるタイプ。夏場の外出など、熱中症に気をつけたいときに使いましょう。

●レインコート

雨の日のお散歩や、外出の必要があるときに使える犬用のレインコート。洋服は動きやすいシンプルなものを選ぶようにしましょう。

かみつき防止《ぼうし》スプレー

苦い味のする液体《えきたい》で、かんでほしくないところにスプレーすることで、家具をかじるなどの困《こま》った行動をやめさせることもできる便利なグッズです。

ビターアップル
bitter apple
MADE IN U.S.A

ワンレイベ

消臭剤《しょうしゅうざい》

においが気になるサークルやトイレにふきかけます。トイレを失敗《しっぱい》してしまった場合は、これを使ってすぐににおいを消しましょう。

おうちの方へ

必要なグッズをまとめてそろえようとすると、だいたい下記の金額が必要です。小型犬とはいえ、成長するにあたって体が大きくなり、グッズの買いかえが必要になる場合もあります。「最初にそろえるグッズ」以外はまとめて買わず、ようすを見ながら買い足していってください。

予算のめやす

クレート	1万円前後
サークル	1万円前後
子犬用ベッド	5,000円前後
トイレトレー	3,000円前後
ペットシーツ（1か月あたり）	2,000円前後
フード皿、水飲みボトル	各1,000円前後
おもちゃ	1,000円前後
首輪、リード	各5,000円前後
ブラシ、コーム	各1,500円前後
フード代（1か月あたり）	3,000円前後

子犬がすごしやすい家は？

子犬を迎《むか》える前に、トイ・プードルが落ちついて快適《かいてき》にすごせるような家づくりをしておきましょう。好奇心《こうきしん》いっぱいの子犬に危険《きけん》がないように、つねに部屋は片《かた》づけて。

安心できるすごしやすい家にしよう

まずは、子犬が行動できる場所を決めましょう。家中どこでも入れるようにしてしまうと、危険なものが多いため管理《かんり》できず、事故《じこ》が起こる可能性《かのうせい》が高まります。サークルは、できれば家族がいるリビングのかどにおいてください。

室温《しつおん》は15度～28度

部屋の室温は、15度～28度を保《たも》ちましょう。室温が上がりすぎると、熱中症《ねっちゅうしょう》などになる危険があります。外出するときはエアコンをつけるなどして、部屋の温度を一定にしてください。

風とおしをよくし、直射日光《ちょくしゃにっこう》は避《さ》ける

熱射病《ねっしゃびょう》の危険があるので、直射日光があたる窓《まど》の近くにサークルをおくのは避けましょう。どうしても窓のそばにしかおけない場合は、カーテンをつけて。風とおしがよい場所においてください。

すっきりと片づける

子犬は好奇心でいっぱい！ 家の中にあるいろいろなものに興味《きょうみ》をもちます。危険なものをうっかり飲みこんでしまわないように、きれいに片づけておきましょう。

できるだけいつも家族がいるようにする

犬はもともと集団《しゅうだん》で行動していた動物。ひとりぼっちでいるのはちょっと苦手です。とくに、迎えたばかりの犬は不安《ふあん》でいっぱいなので、できるだけだれかが家にいるようにしてください。

トイ・プードルが すごしやすい部屋

サークルは直射日光を避け、部屋のかどにおく

サークルは、壁《かべ》に面した場所におくと注意を向ける方向が減《へ》り、安心できます。直射日光を避け、風とおしのよい場所を選《えら》びましょう。リビングなど、人が集まる部屋において。

カーペットをしいて歩きやすい床《ゆか》に

犬は、フローリングの床だと足がすべってしまうことがあります。カーペットをしいて、安心して歩けるスペースをつくりましょう。

コード類《るい》はトイ・プードルから見えない場所に

電気コードが出ていると、トイ・プードルがかじってしまうことがあります。カバーをつけてガードするか、家具の後ろにかくしましょう。

キッチンに入れないようにさくをつけて

キッチンは、火や刃物《はもの》、食べ物のかすなど、トイ・プードルにとって危険なものだらけ。さくを設置《せっち》して、行き来できないようにしておきましょう。

トイ・プードルにとって危険《きけん》なもの

家の中は、トイ・プードルにとって危険なものでいっぱい！
飲みこんでしまったり、感電ややけどをおこすこともあります。
飼《か》い主《ぬし》さんが気をつけて、危険なものはすべて片《かた》づけましょう。

危険なものを片づけよう

気になったものは
なんでもパクッと
食べちゃうよ。
きちんと片づけて
おいてね！

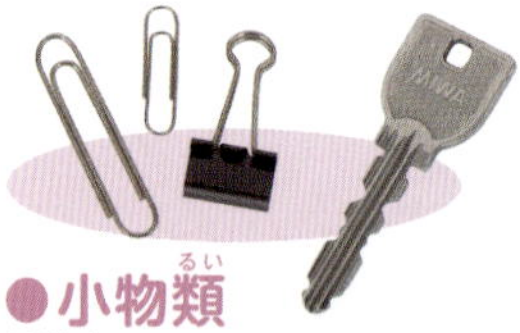

●小物類《るい》

文房具《ぶんぼうぐ》やアクセサリーを飲みこむと、体の中を傷《きず》つけてしまうことがあります。

●ティッシュ、紙類

ティッシュや紙類をおもちゃがわりにする犬もいますが、大量《たいりょう》に食べると腸《ちょう》につまることも。

●観葉《かんよう》植物

なかには中毒《ちゅうどく》を引き起こすものも。トイ・プードルの手が届《とど》かない場所に片づけて。

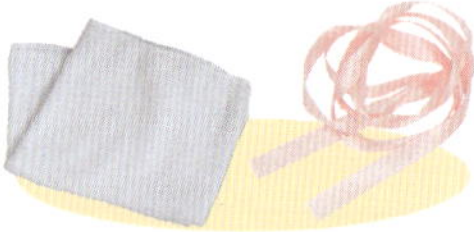

●タオル、衣類《いるい》

誤《あやま》って飲みこむと、のどにつまらせてしまうことがあります。洋服のひもはとくに注意して。

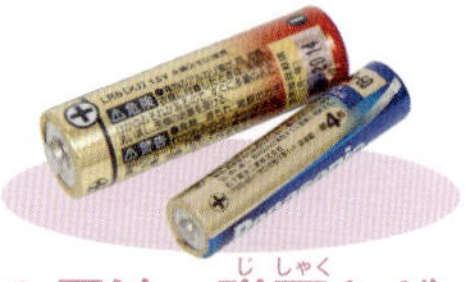

●電池、磁石《じしゃく》など

飲みこむと、胃《い》や腸がくっついて、穴《あな》があくことも。出しっぱなしに気をつけてください。

そうじ機《き》をかけることを
習慣《しゅうかん》にして、部屋はつねに
きれいにしておこうね！

●薬類

人間用の薬は、犬にとって毒《どく》になることがあります。最悪《さいあく》の場合、死んでしまうことも。

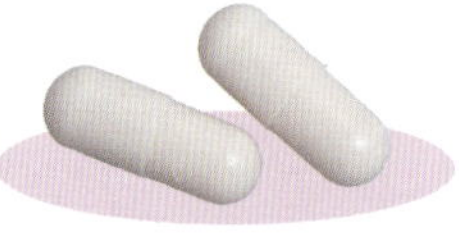

ケガや事故《じこ》につながるもの

電気コード

電気コードに足をひっかけたり、かじって感電してしまうことがあります。カバーをつけて予防《よぼう》しましょう。

ドア・窓《まど》

ドアにしっぽや足をはさんでケガをしたり、開いている窓から転落したりすることも。しっかりとじまりをしましょう。

階段《かいだん》

小型犬《こがたけん》は足に負担《ふたん》がかかるので、階段は使わせないほうがよいでしょう。階段から転落して骨折《こっせつ》することも。

そのほか、やけどの危険性が高いアイロンやストーブにも注意してね。ゴミ箱は、危険なものが捨《す》てられていることがあるから、フタつきにしていたずらできないようにしておこう。

「うっかり」にご用心

犬は、動くものを見る能力《のうりょく》が高く、反射神経《はんしゃしんけい》もばつぐん！
アニメは切りかわる絵が見えるんだ
だからせっかく部屋を片づけても……
危《あぶ》ないものは片づけてね！
うっかり落としたものを、すごいはやさで食べてしまうことがあります。
あ！
ポロ
「つい」や「うっかり」に気をつけてね。
ごめんね
もうっ！
返して！

楽しく暮《く》らすための準《じゅん》備《び》をしよう

トイ・プードルがはやく新しい環境《かんきょう》になれるように、
スムーズにお世話をはじめるための準備をしたり、
トイ・プードルと仲《なか》よくなるための接《せっ》し方を勉強しましょう。

おうちのなかで役割《やくわり》を決めておこう

トイ・プードルを家に迎える前に、それぞれの役割を家族でしっかり話しあってね！

自分でお世話できることとできないことを整理して、おうちの人と話しあいながら、お世話の役割を分担《ぶんたん》しましょう。習い事などでどうしても家にいられないときに、だれがお世話をするのかも決めておくと安心ですね。

休日のお散歩
夕方のお散歩
お手入れ
朝ごはん
トイレそうじ
夕方のお散歩
夕ごはん
トイ・プードル日記
朝のお散歩

トイ・プードルに好《す》かれる人になろう

せっかくトイ・プードルを迎《むか》えるのだから、仲よくなって毎日楽しく暮らしたいですよね。トイ・プードルに好かれるためになにより大切なのは、毎日のお世話をしっかりやることと、仲よくなるための「やくそく」を守ること。トイ・プードルを迎える前に、どんな人がトイ・プードルと仲よくなれるのか、知っておきましょう。

ボクたちは、甘《あま》えんぼで飼《か》い主《ぬし》さんといっしょにいる時間が大好《だいす》きなんだ！

トイ・プードルと仲よくなるための「やくそく」

1 トイ・プードルにとって「うれしい」ことをする

トイ・プードルがどんなお世話をされると喜《よろこ》ぶのかを考えて接しましょう。おやつをくれる人や遊んでくれる人、大好きなお散歩《さんぽ》に連《つ》れて行ってくれる人など、いっしょにいて楽しい人が大好きです。

2 いやがることをしつこくやらない

たたいて痛《いた》い思いをさせる人や、いやがっているのにしつこく追いかける人、しっぽや足などのさわられたくない場所（73ページ）ばかりさわる人には、怖《こわ》がって近《ちか》寄《よ》らなくなってしまいます。

3 接し方をコロコロと変《か》えない

お世話をしたりしなかったり、同じことをしているのに怒《おこ》ったり怒らなかったり、きちんとほめなかったりしていると、飼い主さんの気持ちがわからずとまどって、トイ・プードルから信頼《しんらい》されなくなります。

できる仕事に責任《せきにん》をもとう

トイ・プードルを育てるのはとっても大変！
毎日のお散歩
食事
トレーニング
ワクチン
お留守番の練習
そうじ
お手入れ
病気の世話
わー
こんなにやることがあるの!?
弟や妹ができるのと同じようなものだから、自分たちだけでは育てられません。
お姉ちゃん
ボク
弟
おうちの人と分担して、自分たちがどのお世話をするのか決めておきましょう。
自分の役割に責任をもってお世話してね。
朝ごはんはボクがあげるよ！
ワン！

トイ・プードルを迎《むか》えに行こう

トイ・プードルを迎える準備《じゅんび》を整えたら、いよいよお迎え！
はじめて見る家に、トイ・プードルは不安《ふあん》でいっぱいです。
うれしさのあまりさわりすぎたりしないようにして、落ちついて迎えましょう。

お迎えは時間のゆとりがあるときに

子犬は、新しい家になれるまで少し時間がかかります。お迎えは、連休初日《れんきゅうしょにち》の午前中などがベスト。数日間、家族のだれかがつきっきりで子犬の行動を見ていられるように日にちと時間を選《えら》んでください。

引きとりの前によく話を聞こう

ワクチンはどんな種類《しゅるい》を打ったか、食事は何を食べているかなどを、引きとるときに確認《かくにん》しておきましょう。新しい家での不安を少しでもやわらげるために、お気に入りのおもちゃやおやつも教えてもらってください。

知らない場所ですごすトイ・プードルは、不安でドキドキしているよ。お気に入りのおもちゃや食事があると、安心できるんだ。

チェック！

確認すること

- □ 食事はなにを食べていた？
- □ トイレはどこでしていた？
- □ 今の健康状態《けんこうじょうたい》は？
- □ お気に入りのおもちゃは？
- □ ワクチンの証明書《しょうめいしょ》をもらった？

トイ・プードルを迎えるとき

家になれるまでは、みんなで抱《だ》っこしたり知らない人を家によんだりしないでね。そっと見守ってほしいな。

当日はより道をしないで帰ろう

家まで移動《いどう》する時間は、短いほどよいです。当日はより道をせず、まっすぐ家に帰って落ちつかせてあげましょう。

なれない状況《じょうきょう》でつかれているよ。はやめに連《つ》れて帰って、休ませてね。

家についたらすぐにトイレへ

家についたらトイレに連れて行きます。オシッコができるまではサークルの外に出さないでください。じょうずにできたらほめて。

トイレの練習（82ページ）は初日からスタートしよう！

食事はこれまで食べていたものに

急に新しい食事をあげると、とまどって食べないことがあります。今までいた場所であげていたものと同じ食事をあげましょう。

今まで食べていたフードと同じなら、安心して食べられるよ。

初日からクレートで寝《ね》かせよう

初日は不安で鳴いてしまうことが多いですが、かまわないでください。安心できるようにクレートに布をかけてあげましょう。

落ちついて眠《ねむ》れる環境《かんきょう》をつくることが大切なんだな！

「あいさつ」をしておこう

室内犬とはいえ、近所の人に迷惑《めいわく》をかけることもあります。
足音
ワオーーン…
トコトコ
トイ・プードルを迎える前に、ご近所にあいさつをしましょう。
犬を迎えることになりました。
トイ・プードルです
留守《るす》のおうちには、カードを入れておいてもOK。
○○さん こんにちは トイ・プードルを迎えることになりました
近所の人とすぐに仲《なか》よくなれたよ！
あら、ぷうたくん！

最《さい》初《しょ》の1週間のすごし方

いよいよトイ・プードルとの生活がスタートします！
最初の１週間はかまいすぎず、ゆっくり新しい家になれてもらいましょう。
2～3日たったら、動物病院へ連《つ》れて行きます。

1日目

ゆっくり休ませよう

初日《しょにち》は、新しい家が安心できる場所であることを教えるために、さわったり抱《だ》っこしたりせず、ペットシーツをしいたサークル（82ページ）の中でくつろがせてください。落ちついていたら、無理《むり》をさせない程度《ていど》にサークルから出してみましょう。

Z

初日はかまいすぎずに、
新しい家にならすことを
優先《ゆうせん》してね！

まだまだ
緊張《きんちょう》しているよ。
ゆっくり仲《なか》よく
なってね。

2～3日目

動物病院に行こう

できれば、子犬を迎《むか》えて2～3日中に動物病院に連れて行きましょう。ワクチンを打って、健康診断《けんこうしんだん》を受けさせます。このとき、ウンチを持っていって、おなかの中に虫がいないかの検査《けんさ》もしてもらいましょう。

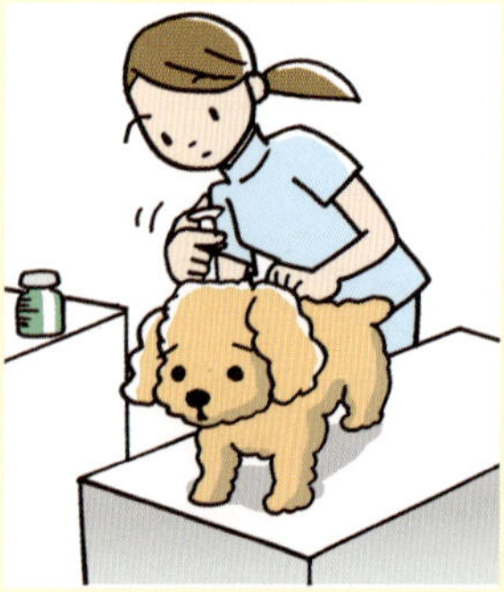

なるべくはやく
動物病院に行って、
ワクチンを打たないと、
外出できないんだ。

4〜5日目

簡単《かんたん》なトレーニングをはじめよう

トイレのトレーニング(82ページ)を本格的《ほんかくてき》にはじめましょう。名前を覚《おぼ》えさせるアイコンタクト(107ページ)をはじめてもOK。生活になれてきているなら、新しい食事に切りかえたり、固形《こけい》のドッグフードをふやかさずにあげてもよいでしょう。

ワン・ツー
ワン・ツー
ぷうた!

だんだん
新しい家に
なれてきたよ!

7日目から

外出する準備《じゅんび》をはじめよう

1週間で、子犬も家になれてきたはず。部屋でできる遊びをはじめたり、首輪《くびわ》にならして、外出の準備をはじめてもよいころです。獣医《じゅうい》さんに今後受ける必要《ひつよう》のあるワクチンと、そのタイミングを相談して、外出できる時期を聞いてみましょう。

よーし、
これからいっぱい
遊ぶぞー!

ぴったり
だね!

おうちの方へ

子犬がオシッコをがまんできる時間は、月齢+1時間がめやす。生後3か月なら、4時間程度となります。いっしょにいられる間は、つきっきりでようすを見て、今後お留守番の必要がある場合は、お留守番の練習(84ページ)もはじめてください。

トイ・プードル
なるほど
コラム2

名前をつけよう

ボクたちトイ・プードルが、飼《か》い主《ぬし》さんから受けとる最初《さいしょ》のプレゼントが「名前」だよ。人間にとって名前が一生ものであるように、ボクらにとっても名前はとても大事なもの。じっくり考えて、すてきな名前をつけてね！　すてきな名前が決まったら、ボクたちが自分の名前を好《す》きになれるように、しかるときではなく、ほめるときやごほうびをあげるときに名前をよんでほしいな。

名前をつけるときに知っておきたいこと

その1
「母音《ぼいん》」で音を聞きわけている

「あいうえお」の音を「母音」とよび、「か行」や「さ行」などの母音以外《いがい》の音を「子音《しいん》」とよびます。そのうち、犬は子音をうまく聞きとることができないといわれています。つまり「ユイ」「ルミ」「ツキ」はすべて「ウイ」と聞こえているのです。名前をつけるときは、家族の名前やほかのペット、トレーニングの合図などと母音がかぶらないようにするとよいでしょう。

その2
短い名前のほうが覚《おぼ》えやすい

名前は基本的《きほんてき》に自由ですが、シンプルな名前にすると、子犬がはやく自分の名前を覚えることができます。長い名前でも、根気よく教えれば覚えてくれますが、その場合、事前にフルネームでよぶのか、フルネームを短くしたニックネームでよぶかを決めておくとよいでしょう。よび方を一定にしないと、トイ・プードルが混乱《こんらん》してしまいます。

犬の名前ランキング

順位《じゅんい》	名前
1位	ココ
2位	マロン
3位	チョコ
4位	モモ
5位	ココア
6位	ソラ
7位	モコ
8位	サクラ
9位	モカ
10位	ハナ

アニコム損害保険株式会社調べ（2011年11月）

好きなものやトイ・プードルのイメージ、外国語などから名前をつける人が多いのね。愛情《あいじょう》をもって名づけよう！

PART 3
基本《きほん》のお世話のしかたを知ろう

毎日お世話をしよう

いよいよトイ・プードルとの生活がスタート！
健康《けんこう》なトイ・プードルと長く、楽しく暮《く》らすためには、
毎日しっかりお世話をすることがなによりも大切です。

トイ・プードルの健康を守るために

毎日ごはんとお水をあげることと、1日2回のお散歩《さんぽ》、トイレのそうじはかならずやりましょう。トイレの練習やトレーニングも大切です。また、トイ・プードルのようすを日記につけておくと、ふだんとようすが違《ちが》うときに、すぐに気づけますよ。

○月▲日

- 体重　2.7kg
- オシッコ&ウンチ
  オシッコはいつもと同じ量《りょう》。ウンチは少しかたい。
- 体のようすなど
  目、耳、口はきれい。毛並《けな》み、皮膚《ひふ》もいつもどおり。ごはんもよく食べていた。
- 今日のお世話
  朝と夜の2回、ごはんをあげた。朝のお散歩《さんぽ》はお母さんとケンタが30分間、夕方はわたしが40分間行った。「オスワリ」の練習をした。

体重が前日とくらべて増《ふ》えすぎたり減《へ》りすぎていないかチェックしましょう。

ふだんのオシッコ・ウンチと同じ色やかたちかどうかを確《たし》かめます。

体のことで気がついたことをメモしておきましょう。

その日やったお世話を書いておきます。

トイ・プードルと仲《なか》よくなろう

毎日きちんとお世話をすることで、トイ・プードルはあなたが大切な人だと覚《おぼ》え、親しみを感じます。ときどきしかお世話をしない人は、なかなか距離《きょり》がちぢまりません。

トイ・プードルとすごす毎日

それでは、ここでトイ・プードルとすごす家族のようすをのぞいてみましょう。犬の先祖《せんぞ》は夜《や》行性《こうせい》ですが、人間と暮らすトイ・プードルは、みんなの生活にあわせて行動します。

ボクたちは1日の半分以《い》上《じょう》、だいたい14時間くらいを寝《ね》てすごすんだ。みんなが寝ている夜中や、飼《か》い主《ぬし》さんたちが学校やお仕事に行っている間も寝ていることのほうが多いんだよ。

トイ・プードルと暮らす1日の例《れい》

朝
ごはんだぞ!
朝ごはんをあげる
朝のお散歩に行く
行ってきまーす
学校に行く
昼
飼い主さんが学校に行っている間…
みんな はやく帰って こないかなー
寝ていることが多い
夕方
おいしい?
夕ごはんをあげる
夕方のお散歩に行く
とっておいで!
いっしょに遊ぶ
夜
朝まで寝る

トイ・プードルに食事をあげよう

毎日のお世話でいちばん大切なのは、トイ・プードルに食事をあげること。栄養《えいよう》のバランスがよい食事をとることが、健康《けんこう》なトイ・プードルになるための第一歩。正しい食事について、しっかり勉強しましょう。

主食はドッグフード

● ドライタイプ

かたいタイプのドッグフード。必要《ひつよう》な栄養がバランスよく入っていて、主食におすすめ。

● 半生タイプ

ドライフードよりやわらかいので、子犬や10才以上《いじょう》の犬によい食事です。

● ウエットタイプ

かおりが強く、トイ・プードルの大好物《だいこうぶつ》。消費期限《しょうひきげん》が短いので、はやめに使い切りましょう。

ドッグフードは、犬に必要な栄養がバランスよく入っているんだ。トイ・プードル用、小《こ》型犬《がたけん》用のものを選《えら》ぶようにしてね！

チェック！

ドライフードは1か月で使い切ろう

いちばん長い期間保存《ほぞん》できるドライフードでも、開封《かいふう》したら保存できるのは1か月くらい。空気が入らない容器《ようき》に入れて、すずしい場所で保存しましょう。

年齢《ねんれい》にあわせて食事を変《か》えよう

成長《せいちょう》すると、必要な栄養が変わるんだ。食事の変え方がわからない場合は、お店の人や獣医《じゅうい》さんに相談しながら決めるのもおすすめだよ！

3週間～ 離乳食《りにゅうしょく》

食事は1日3回をめやすにあげます。かたいものが苦手な子が多いので、しばらくはドライフードをお湯でふやかして、食べやすくしましょう。

※生後3週間未満《みまん》の場合は、母犬の母乳《ぼにゅう》を飲んで生活します。

3か月～ パピー用

子犬は成長期を迎《むか》えます。栄養たっぷりのパピー（子犬）用のドッグフードを、1日3～5回あげて。体重をはかりながら、量《りょう》を調整しましょう。

7か月～ 成犬用

7か月をすぎたら、食事を成犬《せいけん》（おとな）用に変えます。1回にあげる食事の量を少し増《ふ》やし、1日2回、朝と夜だけあげるようにしましょう。

7、8才～ シニア用

7、8才になったら、食事をシニア用に変えましょう。成犬とは必要な栄養が変わります。歯が弱くなってきたら、お湯でふやかしてもOK。

おうちの方へ

必要なカロリーは、年齢や体重はもちろん、その日の運動量や季節によっても変化します。運動後や、体温をあげる必要のある冬は、いつもより多めのフードが必要です。フードに記載されているカロリーをベースに、食事量を調節しましょう。

1日に必要なカロリーの例

年齢＼体重	1Kg	2Kg	3Kg	4Kg
4か月未満	210	353	480	594
4～12か月	140	235	320	396
1才～6才		188	256	317
7才以降		165	224	277

単位kcal

食事の与《あた》え方

食事は、トイ・プードルが健康《けんこう》にすごすためのカギ。
ドッグフードの量《りょう》や回数、与え方などのルールを守りましょう。
ほしがるだけあげると、肥満《ひまん》になって、健康にもよくありません。

食事のルールを守ろう

ドッグフードの量を決めよう

食事は、買ってきたドッグフードのパッケージに書かれている量をめやすにしましょう。トイ・プードルの体調や体型《たいけい》、年齢《ねんれい》、ウンチのようすなどを見ながら、おうちの人と相談して量を決めてください。

食事の量はウンチでチェック！

健康なウンチは、片《かた》づけたあと、ペットシーツに少しだけ残《のこ》るくらいのかたさです。ウンチがかたすぎる場合はフードの量が少なく、やわらかい場合はフードが多すぎる可能性《かのうせい》があります。

回数を守ろう

食事の回数は、成長《せいちょう》とともに変《か》わります。子犬のころは、1日に3～5回。おとなになったら、朝と夜の2回あげるようにしましょう。フード皿に残したドッグフードは、おきっぱなしにせずにはやめに片づけて。

おいしそうに食べているとついついたくさんあげたくなるけど、あげすぎは肥満の原因《げんいん》になるよ！

きれいな水を用意しよう

水は、きれいなものを好《す》きなときに飲めるようにします。お皿に入れてあげてもよいですが、お留守番《るすばん》中などはひっくり返してしまうこともあるので、サークルにつけられる水飲みボトルを使うのがおすすめです。

ドッグフードの与え方

ボクたちは、食べることが大好《だいす》き！
食事は、飼《か》い主《ぬし》さんとボクたちが仲《なか》よくなるための大切な時間なんだよ。
毎日食べるものだから、食べやすいお皿であげるようにしてね。

食器《しょっき》から与える

食事は、食べやすいフード皿からあげて。食事の前に興奮《こうふん》しているようなら、オスワリをさせて、落ちつかせましょう。

食べやすいお皿を選《えら》ぼう

毎日使うお皿は、食べやすいものを用意しましょう。食べにくいかたちのものや不安定《ふあんてい》なフード皿を使うと、トイ・プードルが安心して食事をとることができません。

これは、底《そこ》が丸くなっているタイプ。最後《さいご》まで残さず食べられるかたちです。

コングから与える

コングにいろいろつめて、
トイ・プードルを
わくわくさせよう！

コング(39ページ)にフードをつめる方法《ほうほう》もおすすめ。トイ・プードルに考える力がつきます。

⚠注意

オアズケは必要《ひつよう》ないよ

食事をがまんさせる「オアズケ」をさせるのはやめましょう。食べ物がないと、「マテ」ができなくなってしまうことがあります。

大好きな食べ物が
目の前にあるのに、
待たされるのは
いやだなあ。

ごほうびにおやつをあげよう

トイ・プードルの食事は、水とドッグフードだけで十分です。
おやつは、必要《ひつよう》なときを選《えら》んであげるようにしましょう。
「3時のおやつ」のように、毎日かならずあげる必要はありません。

どんなときにあげるの？

ドッグフード以外《いがい》の食べ物は、かならずあげる必要はないよ。でも、トレーニングをがんばったとき、動物病院へ行ったときにごほうびとしてあげると「がんばろう！」って思えるんだ。ただし、あげすぎるとごはんを食べなくなるから、量《りょう》に注意してね。

こんなときにあげよう

1 トレーニングのごほうびに

暮《く》らしに必要なトレーニング（106ページ）など、飼《か》い主《ぬし》さんが教えたことをじょうずにできたときのごほうびに。

ごほうびをもらうためにどうすればよいのかを考えるようになるんだ。

2 ワクチン、シャンプーのあとに

動物病院でワクチンを打ったときやシャンプーのあとなど、トイ・プードルが苦手なことをがまんできたときに。

「おつかれさま、がんばったね」ってもらえるとうれしいな！

おすすめのおやつ

● 犬用ジャーキー

牛肉や鶏肉《とりにく》でできたジャーキー。カロリーが高いので、あげすぎに注意しましょう。

● 犬用チーズ

トイ・プードルの大好《だいこう》物《ぶつ》。人間用のチーズは塩分《えんぶん》が多いので、犬用のものをあげて。

● 犬用クッキー

クッキーは、専門店《せんもんてん》で買った犬用のものを。塩分やお砂糖《さとう》が少なめにつくられています。

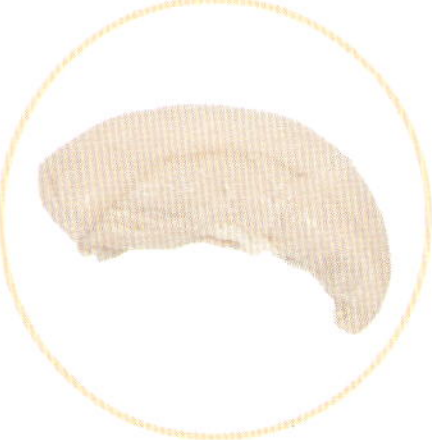

● 鶏ささみ

ささみは、調味料《ちょうみりょう》をかけずお湯でゆでたものをあげましょう。よく冷《さ》ましてから与《あた》えてください。

● 犬用ボーロ

たまごや野菜《やさい》などが入ったおやつ。食べやすいので、子犬にもおすすめです。

● キャベツなど

野菜は栄養《えいよう》が多いのでおすすめ。犬には毒《どく》になる野菜もあるので（63ページ）、注意して。

同じおやつでも…

犬には、食べ物をすりつぶすための歯がほとんどありません。
あーん
ボクたちにとっては"奥歯"がほとんどないのといっしょだよ
つまり、口に入れたものは丸飲みするのです。
もう飲んじゃったの!?
ごくん
だから、おやつをひとつだけごほうびにしても、食べるのはいっしゅん。
おやつだよー
小さくわけて何度も与えると同じ量でも満足感がアップ！
わー たくさん！

食べさせてはいけないもの

人間がふだんおいしく食べているものでも、
トイ・プードルにとっては危険《きけん》な食べ物があります。
食べさせてはいけないものをきちんと知っておきましょう。

中毒《ちゅうどく》を起こして死んでしまうことも！

チョコレートやコーヒー、お茶にふくまれる「カフェイン」やネギ類《るい》にふくまれる成分《せいぶん》を食べると、トイ・プードルは中毒を起こしてしまいます。命にかかわることもあるので、誤《あやま》って口にしないように注意しましょう。

人間の食べ物は食べさせないで！

人間の食べ物は、塩分《えんぶん》が高く、トイ・プードルの体に負担《ふたん》がかかります。また、ハンバーグのタマネギなど、トイ・プードルにとって危険な食べ物が食材《しょくざい》として入っていることもあるので、人間の食べ物は与《あた》えないようにしましょう。

あげては いけないもの

＊下の食べ物以外《いがい》にも危険な食べ物はあります。基本的《きほんてき》にドッグフードと61ページにある食べ物以外は食べさせないようにしてください。

食べてはいけない食べ物の一部を紹介《しょうかい》するよ。同じ野菜《やさい》やくだものでも、栄養《えいよう》になるものと毒《どく》になるものがあるから、あげる前にかならずおうちの人に確認《かくにん》してね。

● ネギ類・ニラ類

タマネギや長ネギなどのネギ類と、ニラ類には、赤血球《せっけっきゅう》をこわす成分がふくまれています。

● カカオ類

チョコレートやココアにふくまれるカフェインで中毒を起こすことがあります。

● お茶・コーヒー

お茶やコーヒーにもカフェインが入っており、下痢《げり》やケイレンなどを引き起こします。

● アボカドやうめぼし

アボカドやうめぼしには大きな種《たね》が入っており、飲みこんだ場合、手術《しゅじゅつ》の可能性《かのうせい》も。

● 骨《ほね》つき鶏肉《とりにく》

骨を飲みこむと、内臓《ないぞう》に刺《さ》さって傷《きず》つけてしまいます。手術をしなければならないことも。

● 牛肉やレバー

牛肉やレバーを食べさせすぎると、出血をともなう下痢を起こすことがあります。

野草に注意しよう！

アサガオやパンジー、スイセン、チューリップなどの花や道端《みちばた》に咲《さ》いている野草のなかには、トイ・プードルが中毒を起こす成分がふくまれているものがあります。

豆知識《まめちしき》 危険なものを食べてしまったら？

危険なものを食べてしまったときは、すぐに動物病院で診察《しんさつ》を受けてください。そのとき、食べてしまったものとその量《りょう》、食べた時間などを獣医《じゅうい》さんにしっかり伝えましょう。

お散《さん》歩《ぽ》に行こう

お散歩は、運動不足《ぶそく》を解消《かいしょう》したり、ストレスをなくしたりと、トイ・プードルの健康《けんこう》を守るためにとても大切なお世話のひとつ。ルールやマナーを守って、楽しくお散歩しましょう。

お散歩のルール

リードはかならずつけよう

トイ・プードルを交通事故《じこ》などの危険《きけん》から守り、まわりの人に迷惑《めいわく》をかけずに散歩させるために、かならずリードをつけましょう。力に自信《じしん》がない人、小学校4年生以下《いか》の人は、おうちの人といっしょにお散歩に行ってください。

W《ダブル》リードをつけよう

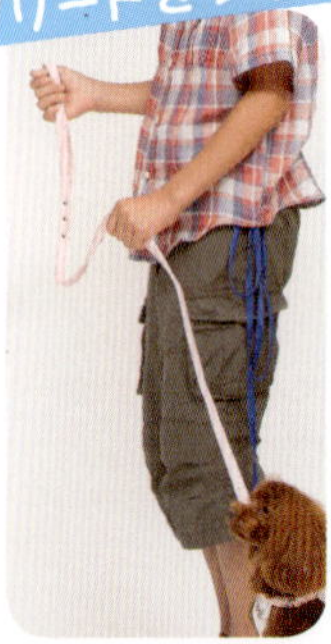

小学校6年生以下の人は、うっかりリードをはなしてしまう危険性《きけんせい》をなくすために、「Wリード」でお散歩に行きましょう。手持ちのリードのほかに、2本目のリードを用意して、ベルトとおしにむすんでおきます。

マナーを守ろう

お散歩に行くときは、持ちもの（68ページ）をしっかり準備《じゅんび》して出かけて。ウンチやオシッコの片《かた》づけは、飼《か》い主《ぬし》さんのマナー。近所の人に迷惑をかけないよう、正しい方法《ほうほう》（69ページ）できれいにしましょう。

時間を決めよう

お散歩は、基本的《きほんてき》に朝と夜、1日2回をめやすに行きます。そのうち1回は、少し長めに行ってしっかり運動させてください。ただし、雨の日などは無理《むり》をせず、そのぶんおうちでたくさん遊ぶとよいでしょう。

おうちの方へ

お散歩に出るために必要なワクチンの回数は2回または3回となりますが、これは1回目のワクチンのタイミングによって決まります。1回目のワクチンは、母犬の抗体が残っている状態で打たなければ効果が出ません。1回目のワクチンを母犬の抗体が残っている時期に打っていれば、2回目のワクチン後、1週間程度で外に出られますが、タイミングがずれた場合、3回目のワクチンを打つまではお散歩に行けなくなるのです。お散歩に出るまでに必要なワクチンの回数は、獣医師に相談して確認してください。

お散歩ルートを決めよう

いっしょにお散歩へ行く前に、一度お散歩ルートをまわっておいてね！

文

草むらでは、タバコやゴミ、ほかの犬のウンチやオシッコに注意しましょう。ノミ・ダニも多いので、お散歩のあとにはブラッシングを。

お散歩コースにほえる犬がいないか確認《かくにん》しましょう。トイ・プードルが、おどろいて逃《に》げ出そうとすることがあります。

公園は、犬が遊んでもよい場所、だめな場所があります。よい場所でも、リードは決してはなさないでください。ほかの犬や、遊んでいる人の迷惑にならないようにしましょう。

アスファルトは、夏になると熱《ねつ》をもって60度になることもあります。できるだけ土の道を歩くようにしましょう。

なるべく直射《ちょくしゃ》日光があたらない道を選《えら》びましょう。とくに夏は、熱中《ねっちゅう》症《しょう》の危険もあります。

お散歩《さんぽ》に行く前に知っておこう

お散歩に出かける前に、いくつか準備《じゅんび》しておく必要《ひつよう》のあるものがあります。はじめて外に出かけるトイ・プードルが、安心してお散歩できるように、飼《か》い主《ぬし》さんがしっかり準備をしましょう。

外に出る前に「社会化」トレーニングを

社会化は、
生後半年くらいまでの間が
いちばん効果的《こうかてき》だよ！

「社会化」とは、人間社会になれさせるためのトレーニングです。車をはじめ、生活のなかで聞くさまざまなものや音が、怖《こわ》いものではないと教えることで、安心して外出できるようになります。

ほーら
お外
だよ～

抱《だ》っこして外を見せる

抱っこして外を見せることで、家の外にはいろいろなものがあるということを教えます。

ガーガー
RRR…
ゴロゴロゴロ
ピーポー
ガヤガヤ
ピンポーン

いろいろな音を聞かせる

チャイムや電話、そうじ機《き》、車の音など、日常《にちじょう》で聞くさまざまな音を聞かせてみましょう。

友だちとあわせてみる

友だちを家にまねいて、家族以外《いがい》の人にならします。最《さい》初《しょ》は顔をあわせるくらいにして。

パピーパーティに参加《さんか》する

子犬どうしで遊んだり、初対面《しょたいめん》の人と接《せっ》するパピーパーティは、しつけ教室などが主催《しゅさい》しています。

熱中症《ねっちゅうしょう》と雨対策《たいさく》は しっかりやろう

夏の暑い日や雨の日の外出は、トイ・プードルに負担《ふたん》がかかります。洋服をじょうずに活用して、トイ・プードルを気温の変化《へんか》から守りましょう。専門店《せんもんてん》には、熱中症対策の服やレインコートをおいているところも。

ペットショップには
いろいろな洋服が
売っているんだ。

洋服の着せ方

1 おやつで気を引きながら洋服に頭を入れる

洋服を広げ、おやつで気を引きながら頭を洋服に入れます。むずかしい場合はふたりでやってみて。

2 片足《かたあし》ずつ順番《じゅんばん》にとおす

片足ずつ順番に、両足を服にとおしましょう。トイ・プードルの関節《かんせつ》に負担をかけないよう、慎重《しんちょう》に。

3 両足をとおしたら、洋服をおしりまでかぶせる

最後《さいご》に、洋服をしっかりおしりまで引っぱります。じょうずに着せられたらほめてごほうびをあげて。

洋服はいろいろあるけれど…
ペットショップには犬用の服がたくさん売っています。
いろいろと着せたくなっちゃうけど、ちょっと待って。
カワイイ
動きづらい服で散歩に行くのはつらいもの。
目的にあわせて洋服を選んでね。
熱中症対策
レインコート
防寒《ぼうかん》対策

お散歩《さんぽ》デビューをしよう

必要《ひつよう》なワクチン接種《せっしゅ》が終わり、獣医《じゅうい》さんに許可《きょか》をもらったら、いよいよトイ・プードルといっしょにお散歩に行きましょう。いきなり地面を歩かせず、少しずつ外の世界にならすようにしてください。

スタート

リードをつけよう

リードや首輪《くびわ》は、お散歩に行く前に、つける練習をしてならしておくとよいでしょう。

●リードのナスカンが入っていることを確認《かくにん》する

「つけたはずが、きちんと入っていなかった」ということがないように、ナスカンがしっかり入っているのを確認しましょう。

●正しい姿勢《しせい》でリードを持って

リードは利《き》き手《て》で持ち、空いている手で犬に近い場所を軽くにぎっておきましょう。

お散歩に持っていくもの

肩《かた》にかけられるバッグに入れよう！

ビニール袋《ぶくろ》
ビニール袋はウンチを持って帰るのに使います。

ティッシュペーパー
ウンチの始末《しまつ》するときに必要です。

水
お散歩中の水分補給《ほきゅう》とオシッコの片《かた》づけに。

折《お》りたたみ皿
お散歩中、トイ・プードルに水をあげるときに。

おもちゃ
犬と遊べる公園で遊ぶ場合は、おもちゃを用意。

おやつ
拾い食いや、ほかの犬、人へのとびかかり防止《ぼうし》に。

抱《だ》っこして外に出よう

すぐに地面を歩かせず、まずは抱っこしてしばらく外を歩いてみましょう。このときも、リードをしっかり持っておいてください。

ゴール 帰ってきたら、お手入れをしよう

お散歩が終わったら、トイ・プードルを簡単《かんたん》にお手入れしましょう。地面を歩いたことでよごれている足をタオルでふいて、きれいにします。また、ノミやダニが体についていることがあるので、全身を軽くブラッシングしておくとよいでしょう。

1 足のウラをタオルでふく

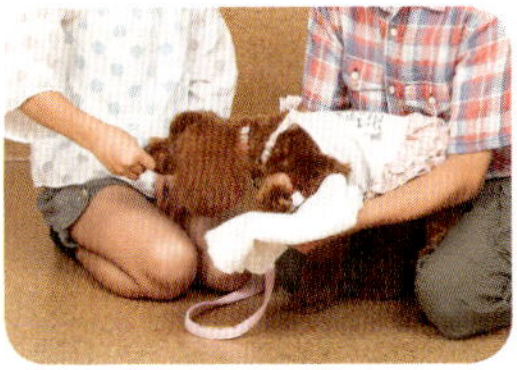

やさしく下から持ち上げて、トイ・プードルの足をタオルで軽くこすり、土をふきとります。

2 体にブラシをかける

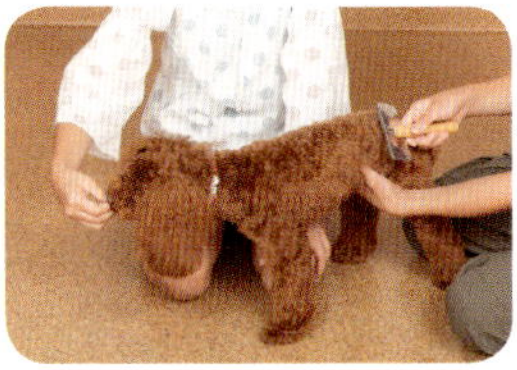

目に見えない小さな虫がついていることがあります。全身に軽くブラッシングをかけて。

無理《むり》をせず、トイ・プードルのようすを見ながら挑戦《ちょうせん》してね。1日ですべてをやる必要はないよ！

オシッコ、ウンチはきれいに片づけよう

ウンチを家に持って帰るのは最低限《さいていげん》のマナーです。ウンチ、オシッコは正しい方《ほう》法《ほう》で片づけましょう。お散歩のマナーを守らないと、近所の人にいやな思いをさせてしまいます。

●オシッコ
オシッコをしたら、上から水をかけて洗《あら》い流《なが》しましょう。

●ウンチ
ビニール袋とティッシュを使ってウンチを拾い、持って帰ってトイレに流します。

少しずつ地面に下ろしてみよう

トイ・プードルが外になれてきたら、短時間ずつ地面に下ろします。おやつで誘《さそ》いながら、少しずつ地面を歩かせてみましょう。

ならんで歩いてみよう

地面を歩くことになれたら、ならんで歩いてみて。最初《さいしょ》はマンホールの上が苦手な子もいるので、おやつでならしながら歩くとよいでしょう。

お散歩《さんぽ》中の困《こま》った!! こんなとき、どうしよう？

よくある「困った」ことは、気をつけていれば防《ふせ》げるものばかりだよ！

お散歩をしていると、お友だちが近づいてきたり、ゴミが落ちていたりと、予想していなかった「困った」ことが起こることがあります。「困った」ことは、起きてからどうするかよりも、起こさないように予防《よぼう》することがなによりも大切です。

お散歩中、うっかりリードをはなしそうになることがあるんだけど、どうすればいいの？

お散歩に行く前に、リードの正しい持ち方と、首輪《くびわ》が抜《ぬ》けないかどうかを確認《かくにん》しよう。Wリード（64ページ）をつければ、万が一リードをはなしても安心だよ。ひとりで行くのが心配な人、小学校4年生以下《いか》の人はおうちの人といっしょに行こう。

親指にリードをひっかけ、しっかりにぎる

リードは、簡単《かんたん》に抜けないように親指に一度とおしてから、5本指を使ってしっかりにぎります。

首輪が抜けないかどうかお散歩の前に確認する

首輪は、ゆるすぎると抜けてしまいます。きつすぎると首がしまるので、指2本入るくらいに。

どこかに行ってしまったら？

リードをはなしてどこかに行ってしまったら、すぐにおうちの人に相談して、警察《けいさつ》や保健所、近くの動物病院に電話をしましょう。迷《まよ》い犬として保護《ほご》されたときに、連絡をもらえます。さがすときは、まずはお散歩コースを中心にまわってみて。

いなくなってしまったときの状況《じょうきょう》を警察の人にきちんと話してね！

お散歩中、仲《なか》のよい友だちが「いっしょに遊びたい！」って近づいてきたよ。

「社会化」ができているトイ・プードルならいっしょに遊んでもらおう。知らない人になれていなかったら、無理《むり》をさせず、断《ことわ》ってね。

知らない人と接《せつ》するのになれていたら…

友だちにおやつをあげてもらおう

おやつをあげてもらうことで、初対面《しょたいめん》の人と仲よくなる「社会化」の練習になります。

なれていなかったら…

「怖《こわ》がりなの」と伝えて、きちんと断ろう

無理して遊ばせると、身を守るためにかみつくことも。事《じ》情《じょう》を話して、断りましょう。

はじめての人にならすには？

お友だちを家にまねいたとき、まずは、トイ・プードルにおやつをあげてもらい「初対面の人とあうと、うれしいことが起こる」と思ってもらいましょう。女の人、男の人、お年寄《としよ》りの順《じゅん》番《ばん》で、少しずつならしてみて。

落ちているものを拾って食べてしまうんだけど、どうすればいいの？

トイ・プードルよりはやくゴミに気づくことが大切。食べてしまわないよう、よけて歩いてね。

1 トイ・プードルよりはやく落ちているものに気づく

お散歩のときは、トイ・プードルだけに集中せず、先を見て危険《きけん》なものがないかの確認を。

2 おやつで引きつけながらゴミをよけて歩く

おやつでトイ・プードルの気を引きつけ、危険なものを避《さ》けて歩きましょう。

拾い食いしてしまったら？

気をつけていたにもかかわらず、うっかり拾い食いしてしまったら、まずはおうちの人に何を、どれだけ食べたのか相談しましょう。場合によっては、動物病院で診察《しんさつ》する必《ひつ》要《よう》があります。

トイ・プードルをなでて仲《なか》よくなろう

トイ・プードルをさわったりなでたりするときは、正しい方法《ほうほう》で行ないましょう。痛《いた》い思いをさせたり、いやがっているのにしつこくすると、トイ・プードルがさわられることを怖《こわ》がってしまうこともあります。

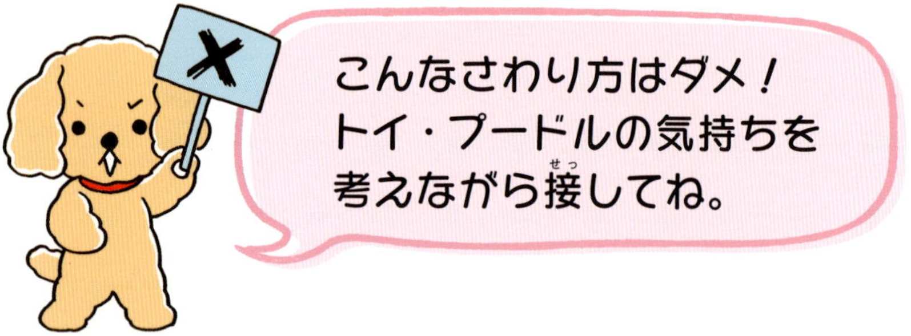
こんなさわり方はダメ！
トイ・プードルの気持ちを
考えながら接《せつ》してね。

上や後ろからおおいかぶさる

自分よりずっと大きい人間に上から手を伸《の》ばされると、おそわれたと勘違《かんちが》いしてしまいます。

ゴシゴシと強くこする

力を入れると、痛い思いをさせてしまうことも。やさしく、ていねいにさわってください。

前足をつかんで持ち上げる

トイ・プードルは骨《ほね》が強い犬種《けんしゅ》ではありません。無理《むり》につかむと、骨折《こっせつ》などの危険《きけん》が。

いやがるところをしつこくさわる

しつこくさわると、「なでられたくない」と思って、さわらせてくれなくなることも。

トイ・プードルがなでられてうれしいところ

うれしいところを
やさしくさわってね！

トイ・プードルには、なでられてうれしいところといやがるところがあります。タッチング（76ページ）の練習はしかたないですが、基本的《きほんてき》にはうれしいポイントをやさしくさわりましょう。

✕ 口のまわり
いやがる子も多いですが、歯みがきのために、タッチングの練習でさわれるようになりましょう。

◎ ひたい
ひたいをなでられるのは好《す》きですが、上から手を伸ばすとおどろかせてしまうことも。

◎ 耳
耳の後ろやつけ根は、ほとんどの犬にとってなでられると落ちつくポイントです。

◎ あごの下
口まわりの近くですが、あごの下をさわられると喜《よろこ》ぶトイ・プードルは多いです。

✕ しっぽ
しっぽやおしりのまわりは敏感《びんかん》なので、さわられるのをいやがります。

◎ 胸《むね》
胸をなでられると喜ぶ子は多いですが、心臓《しんぞう》が近くにあるので、やさしくさわりましょう。

✕ 前足・後ろ足
足の先は敏感なので、さわられるのをいやがります。タッチングの練習をしましょう。

◎ 背中《せなか》
背中は、気持ちを落ちつかせたいときになでると◎。毛並《けな》みにそってなでてみて。

正しい抱《だ》き方をマスターしよう

外出先や動物病院、家での階段《かいだん》の登り下りなど、
トイ・プードルと暮《く》らしていると抱っこが必要《ひつよう》になることが多いです。
トイ・プードルが安心できる正しい抱っこのしかたを練習しましょう。

しっかり支《ささ》えながら抱っこしてみよう

立った姿勢《しせい》で抱っこすると、落としてケガをさせてしまうこともあるよ。最《さい》初《しょ》は座《すわ》って抱っこする練習をしてね。

トイ・プードルを抱っこするときは、前足の下とおしりの下に手をおき、しっかり支えて安定させましょう。

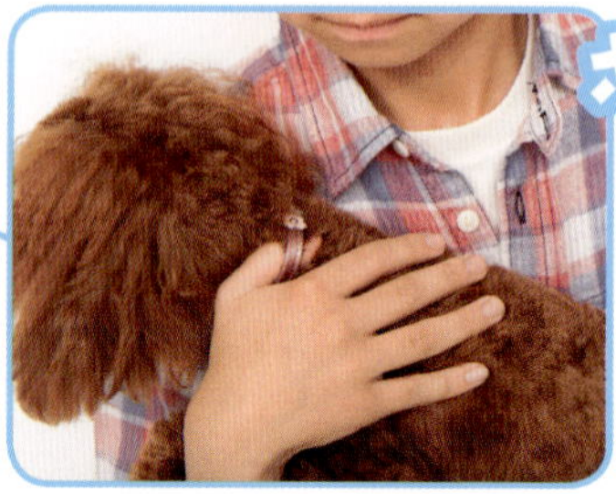

ポイント

うっかり手をはなすと、落としてケガをさせることも。首輪《くびわ》に親指をとおしておきましょう。

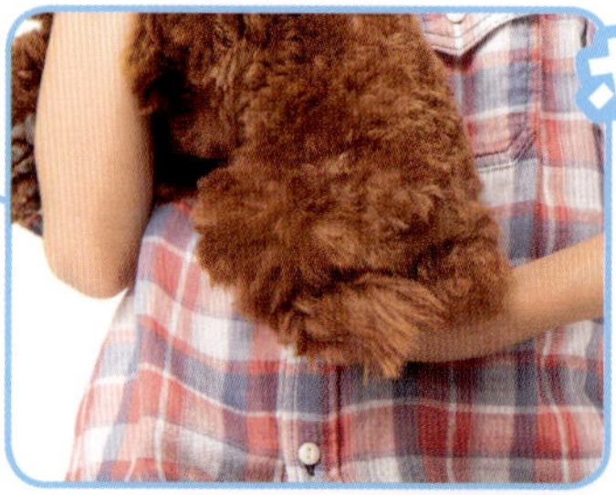

ポイント

下から支えないと、体が安定せずトイ・プードルが落ちつきません。手のひらでおしりを支えて。

うまく抱っこできないときは？

抱っこされるのが苦手なトイ・プードルもいるんだ。あせらず、ゆっくり練習してね。

トイ・プードルが暴《あば》れてじょうずに抱っこできないときは、おやつで気を引きながら練習してみましょう。落ちついて抱っこできたらおやつをあげると、抱っこによいイメージをもちます。

チェック！

トイ・プードルと遊ぶ前後は手を洗《あら》おう

トイ・プードルと遊ぶ前とあとは、かならず石けんを使って手を洗いましょう。トイ・プードルの毛や細菌《さいきん》がついた手で目をこすったり口をさわったりすると、かゆみが出たりはれてしまうことがあります。

おうちの方へ

人獣共通感染症《じんじゅうきょうつうかんせんしょう》とよばれる、ペットと人の間で感染する病気があります。ワクチンや排泄物の処理をきちんと行なっていれば防げることがほとんどですが、遊ぶ前後に手を洗うなどの衛生面での予防は徹底しましょう。

意外と重いよ！
一般的なトイ・プードルの体重は2kg～5kg。
オス　3kg～5kg
メス　2kg～4kg
2ℓのペットボトル2～3本分の重さがあります。
重っ！
抱っこ中に落とすと、骨折《こっせつ》などのケガをすることも……
キャン！
力がない子は無理《むり》をしないで、おうちの人といっしょに抱っこしてね。
これなら安心！

お手入れの前にさわる練習をしよう

歯みがきや耳のお手入れなどをするためには、トイ・プードルがさわられるのをいやがるポイントにふれなければなりません。お手入れができるようにさわる練習をすることを「タッチング」といいます。

タッチングの練習をするときの約束《やくそく》

- いやがるときは無理《むり》をせず、おやつでならしながらゆっくり挑戦《ちょうせん》する
- いい子にしていたらほめて、ごほうびをあげる
- さわられるのをいやがるしっぽや口まわりはとくにやさしくふれる

ステップ1 なでられて気持ちいいところをさわってみる

急にいやがるポイントをさわらず、まずはうれしいポイントにふれてね！

1 背中《せなか》やひたいからさわろう

まずは背中やひたいなど、トイ・プードルが落ちつく場所にふれてみましょう。

2 胸《むね》にふれてみよう

あごの下から胸にかけても、トイ・プードルがさわられてうれしい場所です。

おうちの方へ さわられるのをいやがり、自分を守ろうとしてかみつこうとするトイ・プードルもいます。タッチングの練習をするときは、まず保護者の方がお手本を見せ、トイ・プードルが落ちついている状況なのを確認してから、お子様に挑戦させてください。

ステップ2 さわられるのをいやがるところにふれてみる

大丈夫《だいじょうぶ》だよ

1 声をかけながらしっぽにふれよう

しっぽは、声をかけながらやさしくにぎり、根元から先に向かってさわります。

2 しっかり支《ささ》えて前足・後ろ足をさわろう

前足や後ろ足の先は、とても敏感《びんかん》な部分です。 下から支えながらふれましょう。

3 口のまわり、目のまわりをやさしくさわろう

口のまわり、目のまわりにふれてみます。 いやがる場合は、おやつで気を引いて。

ステップ3 ごほうびをあげる

うれしい気持ちで終わらせて

落ちついて練習ができたら、ほめておやつをあげて。「タッチングするとうれしいことが起こる」と思ってもらえます。

遊びも作戦！

トイ・プードルがごきげんなときにタッチングの練習をしようとしても、
練習するよ！
興奮《こうふん》して、練習にならないことがあります。
おとなしくしてよ〜
そわそわ
その場合は、少し遊んでトイ・プードルがおとなしくなってから再挑戦。
練習しやすくなったよ！
ちょっとねむい……

体のお手入れをしよう

毎日のお手入れは、体をチェックして病気を確認《かくにん》したり、清潔《せいけつ》に保《たも》ったりと、トイ・プードルの健康《けんこう》を守るためにとても重要《じゅうよう》です。とくに、ブラッシングと歯みがきは自分でできるように練習しましょう。

トイ・プードルをきれいにしよう

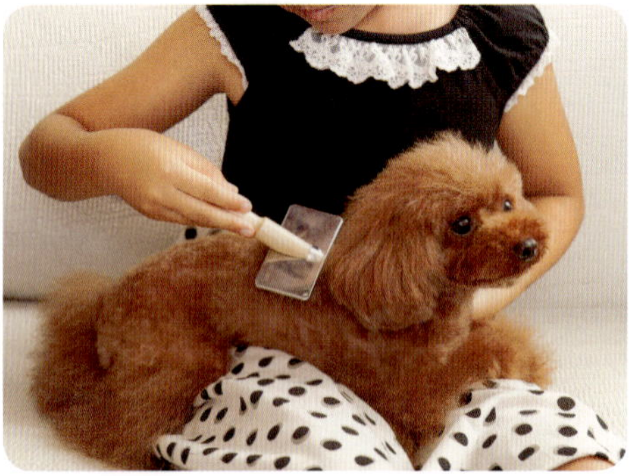

お手入れを毎日することで、体のちょっとした変化《へんか》に気づきやすくなり、病気をはやめに発見することができます。おうちの人と相談しながら、自分ができるお手入れを練習しましょう。とくに、毛が伸《の》びてからまりやすいトイ・プードルは、ブラッシングを毎日する必要《ひつよう》があります。

こまめに
お手入れしてね！

お手入れのタイミング

- 毎日すること
  - ✔ ブラッシング
  - ✔ 歯みがき
- 必要があったらすること
  - ✔ 目のお手入れ
  - ✔ 耳のお手入れ
- 専門店ですること
  - ✔ つめ切り
  - ✔ トリミング

おうちの方へ

ブラッシングと歯みがき以外のお手入れは、トリミングサロンや一部の動物病院でお願いすることもできます。毛玉のカットやつめ切りなど、刃物を使うお手入れはお子様には危険なため、本書では紹介していません。

ブラッシング

ブラシの
正しい持ち方

ブラッシングは毎日
かかさずにやってね。
お散歩のあとにも必要だよ。

準備《じゅんび》するもの

スリッカーブラシ
全身にブラシをかけるのに必要です。小《こ》型犬《がたけん》用のものを用意しましょう。

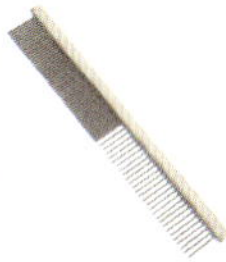

コーム
コームは、ブラッシングの最後《さいご》に全身をとかすために使います。

スタート

おなかや胸《むね》にブラシをかける

おなかや胸、背中《せなか》、おしりなどの広い場所をスリッカーブラシでとかします。胴体《どうたい》は、顔に近いほうからおしりへ、毛並《けな》みにそってかけて。

前足・後ろ足はていねいにやろう

前足は下から支《ささ》えてそっとブラシをかける

足はとても敏感《びんかん》な部分。下からやさしく支えて、そっとブラシをかけます。足の関《かん》節《せつ》は横には動かないので、まっすぐ持ち上げてください。

後ろ足は、つけ根をそっと持とう

後ろ足は、つけ根を軽く持ち上げて、動かないように固定《こてい》しながらそっとかけます。おしりからはじめて、足先に向かってブラシを動かして。

しっぽは根元を下から支えて

しっぽやおしりのまわりにブラシをかけるときは、下から支えましょう。こちらも敏感な部分なので、やさしくブラシをかけます。

顔のまわりはとくに注意してやろう

耳 ひっくり返してウラにもブラシをかける

トイ・プードルは耳の内側《うちがわ》にも毛が生えています。耳を根元からひっくり返してブラシをかけて。

顔まわり あごを下から支えやさしくていねいに

目や口のまわり、ひたいは、あごの下に手をおいて支えながらていねいにブラシをかけます。

ゴール

最後に、毛並みにそって
全身をコームでとかすと、
フワフワにしあがるよ！

歯みがき

準備《じゅんび》するもの

指キャップ
指にはめて使うタイプのガーゼ。初心者《しょしんしゃ》でもお手入れしやすい。

歯をみがかないと、歯周病《ししゅうびょう》(150ページ)になることもあるよ。おうちでできるように練習してね!

まずは口の中をさわる練習をしよう

口の中に食べ物以外《いがい》のものが入ると、いやがってかみつこうとすることがあります。まずは、口の中に指を入れられるのをいやがらないように練習しましょう。

最初《さいしょ》は指にペーストをつけて練習

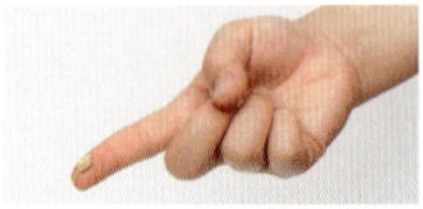

指にチーズや専用《せんよう》のペーストをつけると、口の中に指を入れられなくのをいやがらなくなります。

どうしてもうまくできない場合は、獣医《じゅうい》さんに相談してみてね!

歯みがきに挑戦しよう

1 ひざの上にのせてトイ・プードルを安定させる

トイ・プードルをひざにのせ、腕《うで》をまわして体をしっかり支《ささ》えましょう。

2 指キャップをつけ、歯をやさしくこする

指キャップをつけ、奥歯から前歯にかけて、やさしくこすりよごれを落とします。

注意

ガムでは歯をみがけない!

犬用の「歯みがきガム」を販売《はんばい》している専門店《せんもんてん》もありますが、トイ・プードルが使う歯がかたよるため、これだけではこまかいところをみがくことはできません。トイ・プードルがいやがって歯みがきできない場合は、獣医さんに相談してコツを聞いてみましょう。

トリミングサロンで本格的《ほんかくてき》なケアを

全身のカットやつめ切り、シャンプーなどのお手入れは、トリミングサロンでやってもらうことができます。だいたい1〜2か月をめやすにして、定期的《ていきてき》に通いましょう。トリミングサロンはインターネットなどでさがすことができます。

くわしくは 94 ページへ

目のお手入れ

準備するもの

指キャップ
指にはめて使うタイプのガーゼ。初心者でもお手入れしやすい。

指キャップをはめ、涙《なみだ》の筋《すじ》をやさしくふきとります。目やにが出ていたら、こすらずによごれをつまんでほぐすようにしてとりましょう。しあげにコームで顔をかるくとかします。

チェック!

「涙やけ」を予防しよう

涙をそのままにしておくと、涙でぬれた部分の毛が変色《へんしょく》して「涙やけ」になることも。こまめにお手入れしましょう。

トイ・プードルは、犬のなかでもとくに涙が出やすいんだ。

耳のお手入れ

準備するもの

ガーゼ
清潔《せいけつ》なガーゼを用意しましょう。

トイ・プードルはたれ耳のため、耳の中がむれてはれてしまう外耳炎《がいじえん》(150ページ)になりやすい犬種《けんしゅ》です。耳の中をこまめにチェックし、よごれていたらすぐにふきとってきれいにしましょう。

よごれがとれにくい場合は、ペットショップに売っている専用の薬を使おう。

1 耳をめくってウラに返す

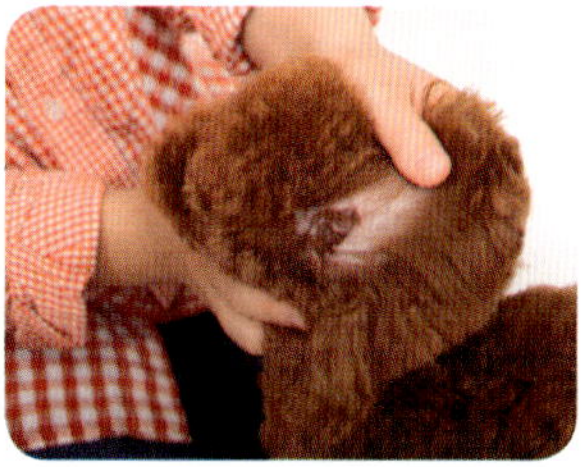

耳をめくって中を確認《かくにん》できるようにします。見える部分に毛があったらつまんで抜《ぬ》きましょう。

2 ガーゼで耳の中をやさしくふきとる

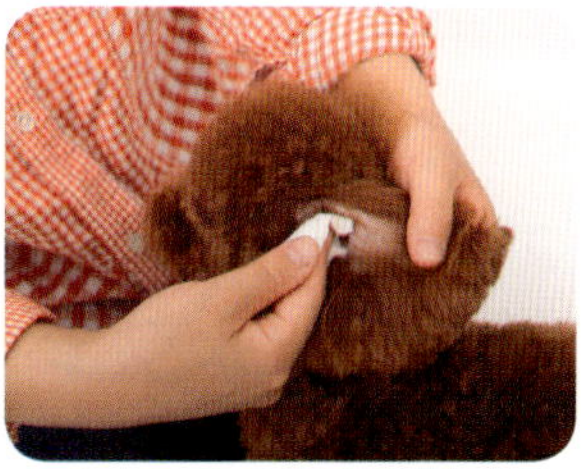

人さし指と中指でガーゼを持ち、耳の中に指を入れてよごれをとりましょう。

トイレの教え方

トイレの場所を教えることは、室内でいっしょに暮《く》らすうえでとても重要《じゅうよう》なトレーニングになります。
はやめに習慣《しゅうかん》づけるためにも、家に迎《むか》えてすぐにはじめるとよいでしょう。

時間をかけて教えていこう

トイレを教えるには、オシッコをしそうなタイミングを見計らってトイレに連《つ》れて行くことがもっとも重要です。犬にはもともとひとつの場所でトイレをする習性《しゅうせい》はなく、すぐには覚《おぼ》えませんが、あせらずにゆっくり教えていきましょう。

チェック!

トイレのタイミングを覚えておこう

- □ 起きたとき
- □ 水を飲んだあと
- □ 食事のあと
- □ 遊んだり、はしゃいだあと

安心できるトイレをつくろう

最初《さいしょ》は、トイレトレーを使わずにサークルの中にペットシーツをしきつめてもOK。じょじょにシーツの範囲《はんい》を少なくしていこう。

トイレの教え方

トイレのタイミングを
覚えておくと
連れて行きやすいよ！

1 ソワソワしはじめたら トイレに連れて行く

左のページの「トイレのタイミング」をめやすにして、トイ・プードルがソワソワと動きはじめたらトイレに連れて行きましょう。

ワン・ツー

2 オシッコをはじめたら、「ワン・ツー」と声をかける

オシッコをはじめたら、「ワン・ツー、ワン・ツー」とくり返し声をかけましょう。なれると、この言葉を合図にトイレができるようになります。

3 じょうずにできたら ペットシーツの上でごほうび

ペットシーツの上でほめて、ごほうびのおやつをあげましょう。「ここでトイレをするとうれしいことが起こる!」と覚えてもらいます。

「ペットシーツの上で
トイレする」ことを
好《す》きになってもらおう！

トイレに失敗《しっぱい》してしまったら？

失敗してもしからないで

失敗したときにしかると、「家族の前でトイレをすると怒《おこ》られるんだ……」と思って、かくれてオシッコをするようになってしまいます。

次は
がんばろうな

サッと片《かた》づけよう

失敗したときにさわぐと、「ここでトイレすると喜《よろこ》んでもらえるのかな？」と勘違《かんちが》いしてくり返すことも。サッと片づけてしまいましょう。

お留守番《るすばん》の練習をしよう

きちんと準備《じゅんび》をすれば、トイ・プードルはひとりでもおとなしくお留守番ができるようになります。お留守番じょうずなトイ・プードルにするために、練習をしましょう。

おうちでお留守番をさせる

もともと集団《しゅうだん》で生活していた犬は、長時間ひとりでいるのはちょっと苦手。ですが、エアコンで室温《しつおん》を管理《かんり》し、おやつを入れたコング（39ページ）などで気がまぎれるようにすれば、丸1日くらいはひとりでお留守番ができます。

チェック!

お留守番のときに準備しておくこと

- □「庭つき一戸建《いっこだ》て」を用意する
- □ エアコンで温度を管理する
- □ サークルにペットシーツをしきつめておく
- □ コングなどを入れておく

「庭つき一戸建て」をつくろう

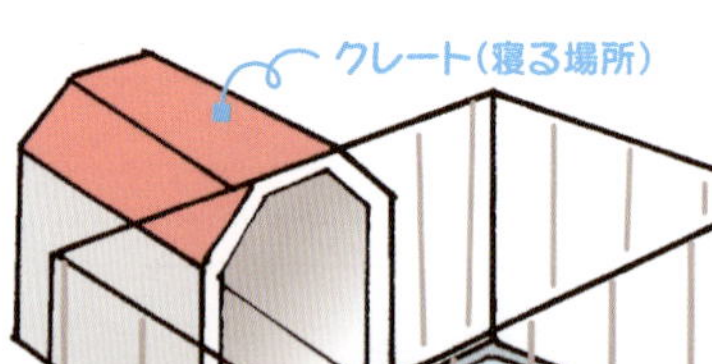

お留守番中はトイ・プードルを部屋で自由にさせず、クレートとサークルを合体させた「庭つき一戸建て」をつくりましょう。サークルの中にペットシーツをしきつめ、寝《ね》る場所とトイレをしっかりわけることが大切です。

トイレと寝る場所がわかれていると安心できるんだ。

お留守番が得意《とくい》なトイ・プードルにするには？

飼い主さんが
出かけて行くのを
「あたりまえのこと」だと思って
もらうことが大切だよ。

ポイント1 飼《か》い主《ぬし》さんがいないことになれてもらう

ふだんからクレートに入れ、トイ・プードルをひとりにする時間をつくります。飼い主さんがいないことになれさせて。

ポイント2 さりげなく出かける

出かけるときは、さわがずにさりげなくいなくなりましょう。「気づいたときには飼い主さんがいない」のがベストです。

ポイント3 帰ってきたときに大さわぎしない

帰ってすぐにかまいすぎると、せっかく落ちついて待っていたトイ・プードルが興奮《こうふん》してしまいます。さりげなく帰宅《きたく》するようにしましょう。

帰ってたんだ

帰ってきたときに
トイ・プードルが大さわぎ
していたら、落ちつくまで
遊ばないようにしよう。

1泊以上《ぱくいじょう》するときは？

旅行などで1泊以上家をあける場合は、食事やお散歩《さんぽ》、部屋の温度などの不安《ふあん》があるので、知りあいやペットホテルにあずけましょう。

ふだんの暮《く》らしを伝えておこう

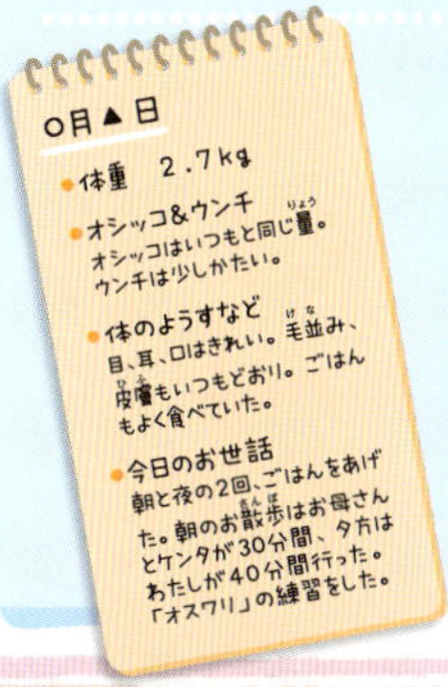
○月▲日
体重　2.7kg
オシッコ&ウンチ
オシッコはいつもと同じ量《りょう》。
ウンチは少しかたい。
体のようすなど
目、耳、口はきれい。毛並《けな》み、
皮膚もいつもどおり。ごはん
もよく食べていた。
今日のお世話
朝と夜の2回、ごはんをあげ
た。朝のお散歩はお母さん
とケンタが30分間、夕方は
わたしが40分間行った。
「オスワリ」の練習をした。

お世話をしてくれる人に、ふだんのトイ・プードルのようすやお世話のしかたを伝《つた》えておきましょう。54ページのトイ・プードル日記をわたしておくとより安心です。

知りあいにあずける

自宅に来てもらうか、知りあいの家に連《つ》れて行ってお世話してもらう方法《ほうほう》があります。トイ・プードルがなれている人だと安心です。

ペットホテルにあずける

出かける期間が長くなる場合は、ペットホテルにあずける方法も。毎日のお散歩や食事など、基本的《きほんてき》なお世話をやってもらえます。

いざというときのための災害対策《さいがいたいさく》

地震《じしん》や津波《つなみ》など、大きな災害があったときのことを考え、
いざというときのための災害対策をしましょう。
しっかり準備《じゅんび》することで、トイ・プードルの命を守ることができます。

前もって準備しておきたいこと

災害がいつくるかは、だれにもわかりません。だからこそ、いつ何が起きてもトイ・プードルといっしょに無事《ぶじ》でいられるように、しっかりと準備をしておきましょう。災害時にトイ・プードルとはぐれたときのために首輪《くびわ》や鑑札《かんさつ》は家の中でもはずさずにつけておいて。また、事前に写真を撮《と》っておくと、はぐれてもさがしやすくなります。

チェック!

かならずやっておくこと

- □ 首輪に鑑札と迷子札《まいごふだ》をつける
- □ 首輪のウラに連絡先《れんらくさき》を書いておく
- □ トイ・プードルの写真を撮っておく

災害用非常《ひじょう》バッグをつくろう

災害が起こると、ドッグフードが買えなくなったり、避難《ひなん》で長い期間家に帰れなくなったりすることもあります。必要《ひつよう》なものをまとめた「非常バッグ」をつくっておいておきましょう。

チェック!

非常用バッグに入れておくもの

- □ 水
- □ おやつ
- □ ビニール袋《ぶくろ》
- □ ペットシーツ
- □ 1週間分のフード
- □ 折りたたみフード皿
- □ 予備《よび》の首輪・リード
- □ 薬(必要なら)

災害が起きたら

災害が起きたときは、クレートかキャリーバッグに入れてすぐに避《ひ》難《なん》しよう。112ページを参考《さんこう》にして、クレートやキャリーバッグに入るように練習しておこうね！

1 「オイデ」とよび、クレートかバッグに入れる

ゆれが落ちつくのを待ってから、トイ・プードルを「オイデ」でよんでクレートかキャリーバッグに入れましょう。

2 チャックをしっかりしめて避難する

トイ・プードルが入ったらチャックをしっかりしめて、まわりのようすを確認《かくにん》しながらあわてずに避難して。

リードをつけている余裕《よゆう》がないこともあるから、予備のリードをキャリーバッグに入れておいてね！　事前に「避難訓練《くんれん》」をしておけば、いざというときすばやく避難できるよ。

おうちの方へ

避難所によって、同じ施設でもペットは別の場所に収容される場合や、動物病院や保護施設などの離れた場所に連れて行かなければならないことがあります。事前に住んでいる地域がどのようなシステムになるのか確認しておきましょう。

避難訓練をしよう

急に大きな地震が起きてもあわてないように、
ぐらぐらっ
キャー
トイ・プードルといっしょに避難訓練をしましょう。
非常バッグはもったよ。
キャリーバッグに入ってね。
避難場所を決めて、実際に歩いてみて。
こっちのほうが安全な道だよ！
何分かかるか確認しておけば、いざというときに役立ちます。
ついた！
ここまで5分かかったよ。

季《き》節《せつ》にあわせたお世話のしかた

日本には4つの季節があり、温度や湿度《しつど》、環境《かんきょう》が大きく変《か》わります。
どの季節でもトイ・プードルが健康的《けんこうてき》にすごせるように、
季節にあったお世話のしかたを知っておきましょう。

トイ・プードルがしあわせな環境って？

1年をとおして温度差が小さい

暑すぎたり、寒すぎたりしないように、エアコンなどを使って室内を15～28度に保《たも》ちましょう。はげしい温度の変化《へんか》があると、体調をくずしやすくなります。温度計を使って、こまめに室温を確認《かくにん》しましょう。

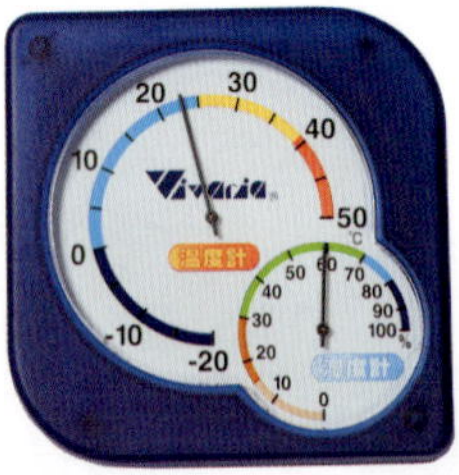
温度計
湿度計

トイ・プードルが生活する部屋に温度計をおいて、室温が見えるようにします。

じめじめもカラカラもしない部屋

湿度が高いと熱中症《ねっちゅうしょう》の危険《きけん》があり、低《ひく》すぎるとウイルスに感染《かんせん》して体調をくずしやすくなります。部屋の湿度は50～60％くらいに保つようにするとよいでしょう。

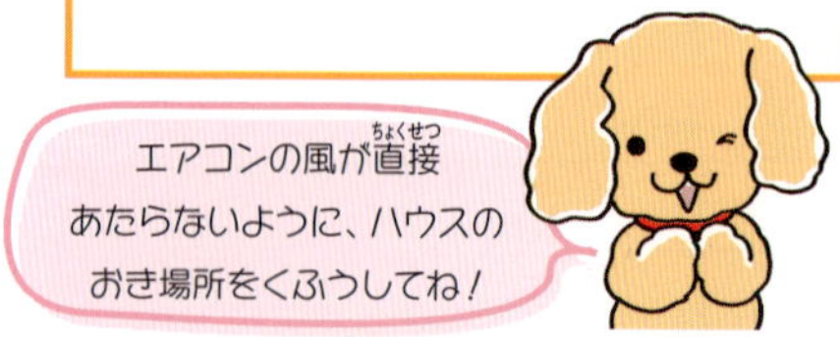
エアコンの風が直接《ちょくせつ》
あたらないように、ハウスの
おき場所をくふうしてね！

おうちの方へ

必須ワクチンは、年に1回の狂犬病予防と混合ワクチンです。また、蚊を媒体として寄生するフィラリア（犬糸状虫）の予防薬の投与は、夏だけに限定せず、1年にわたって行なったほうが安心です。

春

気温の変化が少ない春は、ボクたちにとってすごしやすい季節。予防接《よぼうせっ》種《しゅ》に最適《さいてき》の季節だよ！

1年に1回の予防接種を忘れずに

あたたかくてすごしやすい春ですが、朝晩《あさばん》は寒くなることもあるので、温度の管理《かんり》に注意しましょう。4月になると、1年に1度の予防接種を受けなければなりません。動物病院に連《つ》れて行きましょう。

ノミ・ダニが多くなる季節。こまめに体をチェックして、毛が抜《ぬ》けたり体がはれたりしていないかチェックしてね！

秋

秋はすずしくて、いちばん活発に動ける季節なんだ。冬になる前に、健康《けんこう》診断《しんだん》に出かけよう。

すずしくなるので、公園などに出かけて、めいっぱい運動をさせてあげましょう。

運動にぴったりの季節 健康診断もおすすめ

暑い夏が終わり、すずしくなると、運動量《りょう》が増《ふ》え、食欲《しょくよく》がアップします。外出するにはいちばんよい季節でしょう。冬を迎《むか》える前に、健康診断に行くのもおすすめです。

秋といえば、スポーツ！ 1年のなかで、いちばん元気に動きまわる季節だよ。

梅雨《つゆ》 夏

じめじめしている夏は、ボクたちがいちばん苦手な季節《きせつ》なんだ。快適《かいてき》にすごせるように対策《たいさく》してね。

エアコンでしっかり温度管理《かんり》をしよう

梅雨と夏は、トイ・プードルにとっていちばんきびしい季節です。熱《ねっ》中症《ちゅうしょう》になる危険《きけん》もあるので、エアコンを使って、部屋を快適な温度に保《たも》つようにしてください。

暑さで皮膚《ひふ》や耳のウラがじめじめして、はれてしまうこともあるんだ。こまめにお手入れをしてね！

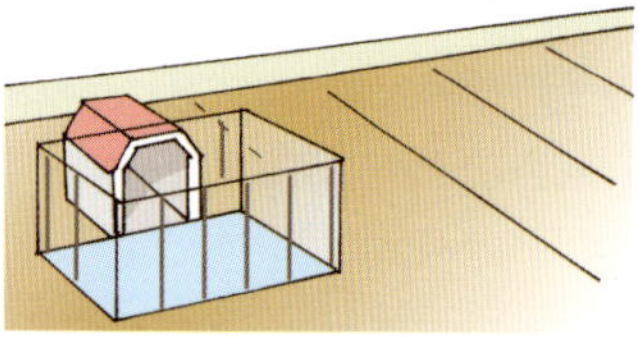

お散歩《さんぽ》は朝・夕のすずしい時間に

お散歩は、日差《ひざ》しの強い日中を避《さ》け、朝と夕方以降《いこう》のすずしい時間帯《じかんたい》にします。とくに暑い日は、無理《むり》して外に出さず、家の中で運動させるとよいでしょう。

暑さ対策におすすめのグッズ

専門店《せんもんてん》には、暑さから愛犬《あいけん》を守るためのグッズがたくさんそろっています。暑い夏を少しでもすごしやすい環境《かんきょう》にできるよう、活用してみて。

保冷《ほれい》ジェルが入ったマット。日のあたらない場所におきましょう。

アルミの板は、すずしい場所におき、ひんやりさせて使いましょう。

⚠注意

食べ物の管理に注意しよう！

食べ物がくさりやすい時期なので、ドッグフードは冷蔵庫《れいぞうこ》で保《ほ》管《かん》しましょう。ボトルの水もこまめにとりかえてください。

くさったドッグフードを食べて、食中毒《しょくちゅうどく》を起こすこともあるよ！

冬

寒さには強いほうだけど、なるべく部屋をあたたかくしてね！　年をとると、寒さに弱くなるよ。

部屋をあたたかくするくふうをしよう

冷《つめ》たい風と乾燥《かんそう》からトイ・プードルを守りましょう。部屋が乾燥するとウイルスに感染《かんせん》しやすくなるので、エアコンや加湿器《かしつき》で湿度《しつど》を調節《ちょうせつ》して。マットやホットカーペットを入れて、寝場所《ねばしょ》をあたたかくしましょう。ストーブやホットカーペットにはやけどの危険もあるので、注意してください。

冬は、寒さでオシッコをがまんしてしまうことがあります。トイレをしているか確認《かくにん》しましょう。

防寒《ぼうかん》のために散歩のときは服を着せてもOK

冬にお散歩へ行くときは、冷たい風と寒さからトイ・プードルを守るために、服を着せるのもおすすめ。専門店で、防寒用の服を買いましょう。

注意

やけどに気をつけて！

ホットカーペットの上に長時間のっていると、低温《ていおん》やけどを起こすことも。毛布《もうふ》をしいて、ホットカーペットの上に直接《ちょくせつ》のせないように注意しましょう。

あったかーい

教えて！

トイ・プードルQ&A

トイ・プードルと暮《く》らしていると、
「こんなときはどうすればいいの？」
という疑問《ぎもん》や悩《なや》みをもつこともあるはず……。
そんな疑問・お悩みをまとめて解決《かいけつ》します！

お世話編《へん》

ボクたちと暮らす
飼《か》い主《ぬし》さんたちの
疑問に答えるよ！

Q1 外で飼《か》ってもいいの？

A1 外で飼える体ではないから絶対《ぜったい》にやめて

トイ・プードルは、もともと室内で飼育《しいく》をしやすいように人間の手で品種改良《ひんしゅかいりょう》された犬種《けんしゅ》です。季節《きせつ》によって毛の抜《ぬ》け変《か》わりがなく、自分で体温を調節《ちょうせつ》をするのも苦手なので、外で暮らせるような体ではありません。夏の暑い時期や冬の寒い時期に外に出すのはとても危険《きけん》なので、絶対にやめましょう。

Q2 首輪やリードが苦手みたい。どうすればいいの？

A2 首輪のかわりにリボンをつけて少しずつならそう

なかには、首輪をつけられることをきらい、かたまってしまったり、首輪をはずそうとして暴《あば》れる子もいるようです。

そんなときは、「首輪は怖《こわ》いものではないよ」ということをトイ・プードルに教えることからはじめましょう。まずは、リボンやバンダナなどをやさしく首にまいて、ならしてみて。

Q3 もう1頭迎《むか》えたいのだけれど、仲《なか》よくできるかな？

A3 最初《さいしょ》からいるトイ・プードルを優先《ゆうせん》してお世話しよう

まずは、今飼っているトイ・プードルが新しい犬を迎えられる性格《せいかく》かをチェックしましょう。ほかの犬になれていなかったり、かみつくクセがあったりする場合はやめたほうがよいです。また、新しい犬を迎えた場合、食事などは、最初からいるトイ・プードルから優先して行ないましょう。新しい犬を優先すると、新しく来た犬が「自分のほうがえらい!」と勘違《かんちが》いしてしまいます。

Q4 ほかの動物といっしょに飼えるの？

A4 事故《じこ》が起こることもあるので注意が必要《ひつよう》

猫やハムスター、うさぎ、インコなど、ペットとして愛されている動物はさまざま。どの動物も、相性《あいしょう》によってはトイ・プードルと仲よくなることもあるでしょう。ただし、「絶対に大丈夫《だいじょうぶ》」とはいいきれません。猫の場合、体の大きさが近く、同じ肉食動物なので、トイ・プードルがじゃれてかみついても命の危険にさらされることはほとんどありませんが、ハムスターやうさぎ、インコなどの草食動物は、かまれて命を落とすこともあります。どんなにおだやかな性格のトイ・プードルでも、本能《ほんのう》でおそってしまうことがあるので、いっしょの部屋で飼うのはやめましょう。

Q5 赤ちゃんがいてもトイ・プードルを飼えるかな？

A5 おうちの人がいないときは近づけないようにすれば大丈夫

赤ちゃんがいてもいっしょに暮らすことはできますが、いくつか注意が必要です。赤ちゃんは、トイ・プードルのしっぽを引っぱったり、いやがっているのにつかまえようとしたり、たたいたりすることがあります。そんなとき、トイ・プードルは「やめてよ!」と抵抗《ていこう》してかみついてしまうことがあるのです。おうちの人がいないときは、トイ・プードルと赤ちゃんを遊ばせないようにしましょう。また、赤ちゃんは食べこぼしが多いので、トイ・プードルが拾って食べてしまうこともあります。食事中はクレートに入れるなどしたほうがよいでしょう。

トリミングサロンで おしゃれ犬に！

トイ・プードルは、カットによってイメージがガラッと変《か》わる犬種《けんしゅ》なんだよ。トリミングサロンに行けば、おしゃれなカットに変身《へんしん》できるだけでなく、シャンプーやつめ切りなどのお手入れをお願《ねが》いすることもできるんだ。ここでは、トリミングサロンで変身したトイ・プードルを紹介《しょうかい》するよ！

テディ・ベアカット

かわいいぬいぐるみのような印象《いんしょう》のテディ・ベアカットは、いちばん人気のカット！どのカラーでも似合《にあ》うカットですが、とくにレッドの子にぴったりです。顔まわりに毛が多いため、毛がからまったり、よごれたりしやすいので、こまめにブラッシングをする必要《ひつよう》があります。

ペットマスタッシュカット

ほおから首にかけての毛をそり、口もとの毛を丸く残《のこ》したペットマスタッシュ。上品で、男らしい印象のカットです。毛が短いため、すっきりしていてお手入れはしやすいですが、顔まわりはしっかりブラッシングしましょう。鼻先が長く、涙《なみだ》や目元の毛が気になる子におすすめ！

エレガント・テディカット

毛が少ない子や、女の子らしい印象にしたいときにおすすめなのが、エレガント・テディカット！ テディ・ベアカットに似ていますが、耳の毛を長く残しています。食事のときやお散歩《さんぽ》のときに耳がよごれてしまうことがあるので、こまめにチェックしてきれいに保《たも》つようにして。

プチアフロカット

頭と耳の毛をつなげたアフロカットは、顔や体が小さめの子や、毛がかためで立ち上がりやすい子にぴったり！足先は、毛を残したことでふんわりしとした印象になりました。毛がからまりやすく、耳の中がむれやすいので、こまめなブラッシングと耳のお手入れが必要です。

[写真協力] UnChien（アンシアン）
住所：千葉県八千代市勝田台1-38-18　電話：047-494-8088　http://www.geocities.jp/unchien415/

PART 4 トイ・プードルと快適《かいてき》に暮《く》らそう

困《こま》ったときはどうする？

じゃれてかみつく、とびついてくる、トイレがじょうずにできない……。
トイ・プードルと暮《く》らしていると、そんな「困った」に出あうこともあるでしょう。
ここでは、飼《か》い主《ぬし》さんが悩《なや》む7つの「困った」行動と、その解決法《かいけつほう》を紹介《しょうかい》します。

困った行動を解決するためのポイント

大声を出したりたたいたりすると、トイ・プードルにきらわれてしまうこともあるんだ。

ポイント1
成功《せいこう》したらたくさんほめる

おりこうさん！

ボクたちも、みんなと同じようにほめられるのが大好《だいす》き！ 飼い主さんにほめられると、「こうすればごほうびがもらえるんだ！」と覚《おぼ》えて、正しい行動をすすんでやるようになるよ。

ポイント2
ガミガミとしからない

もう！言ったでしょ！

ポイント3
時間を決めて教える

今日はおしまい!!

正しい行動を教えるときは

1 大声でさわがない

困った行動に対して「どうしてできないの!?」などとさわぐと、トイ・プードルは「同じことをすればかまってもらえるんだ!」と勘違《かんちが》いして、それをくり返してしまうことがあります。

2 絶対《ぜったい》にたたかない

失敗《しっぱい》したトイ・プードルを、たたいたりけったりするのは絶対にダメ。飼い主さんへの信頼《しんらい》がなくなって、ますますいうことを聞かなくなります。自分の体を守るために飼い主さんにかみついてしまうことも。

3 食事を抜《ぬ》くのは意味がない

「悪いことをしたから食事抜き!」というのは、なぜごはんが食べられないのかわからないため、トイ・プードルには意味がありません。正しい行動は、失敗してから5秒以内《いない》に教えるようにしましょう。

「ドッグスクール」で悩みを解決!

トイ・プードルを飼いはじめたら、ドッグスクールに行くのもおすすめ。スムーズに迎《むか》えるためのアドバイスをくれたり、飼い主さんにかわって犬に正しい行動を教えてくれたりします。一度、おうちの人に相談してみましょう。

「やくそく」が大切

困った行動をしかっても……
どうしてできないの!? さっきも言ったのに!
めっ!
トイ・プードルは、なぜあなたが怖《こわ》い顔をしているのかわかりません。
ガミガミ
ガミガミ
???
困った行動をなおすのに必要《ひつよう》なのは、「やくそく」を決めること。
落ちついたら遊ぼうね。
ここでトイレできたらおやつをあげるよ。
トイ・プードルにとってわかりやすい「やくそく」を決めよう!

困《こま》った行動 ❶

じゃれてかみついてくる

子犬と遊んでいたら、手をかるくかまれたよ。痛《いた》くないから、そのままにしておいても大丈夫《だいじょうぶ》かなぁ？

ボクたちは、大昔の先祖《せんぞ》が狩《か》りをしていたときの本能《ほんのう》で、目の前で動くものをつかまえたくなるんだ。遊んでいるつもりだけど、人にケガをさせてしまうこともあるから、はやめにやめさせてね。

いちばん大切なのは、これ以上《いじょう》かむ経験《けいけん》をさせないようにすること！

どうすればいいの？

その1 手で遊ばせない

犬には動くものを追いかける習性《しゅうせい》があります。トイ・プードルと遊ぶときは、手を使わずに専《せん》用《よう》のおもちゃを使いましょう。

その2 手に苦い味をつける

かみつきを防止《ぼうし》する苦い味のスプレー（41ページ）を、手につけておきましょう。かんでしまったときに「苦い!」といやな思いをし、かまなくなることがあります。

おもちゃでかみたい気持ちを満足《まんぞく》させよう

かみつくトイ・プードルには、犬用のおもちゃをあげるのもおすすめです。かみたい気持ちを満足させれば、むやみにほかのものをかまなくなります。

足にじゃれてかむ

足にじゃれてかみつかれたら、動きを止めて、トイ・プードルがおとなしくなるのを待ちましょう。逃《に》げようとすると、追いかけるのが楽しくなってクセになってしまいます。いっしょに遊べないときは、サークルの中に入れておいて。

困った行動 2

とびついてくる

家に帰ってくると、トイ・プードルがしっぽを振《ふ》ってとびついてくるの。うれしいけど、ちょっとびっくりしちゃった。

大好《だいす》きな飼《か》い主《ぬし》さんが帰ってくると、うれしくてついとびついちゃうんだ。いっしょに遊びたいときにもやるよ。でも、はやめにやめさせないと、お散歩《さんぽ》のときに知らない人にとびついておどろかせてしまうかもしれないよ。

どうすればいいの？

トイ・プードルは小型犬《こがたけん》だけど、ボクたちより小さい子にとびついたら、転んでケガをさせちゃうかも……。

1 遊んだり、さわったりしない

とびつかれても、トイ・プードルにかまわないようにしましょう。さわぐと、「とびつくとかまってもらえる」と思われてしまい、クセになります。

2 後ろを向いて知らんぷりをする

その場でくるりと後ろを向いて、トイ・プードルを無視《むし》しましょう。気になってチラッと見てしまうと、無視にならなくなってしまうので、がまんして。

知らんぷりをしてもおとなしくならなかった場合は、トイ・プードルからはなれてね！

いい子だね！

3 おとなしくなったらほめる

床《ゆか》に4本足をつけておとなしくなったら、たくさんほめてください。「おとなしくすると遊んでもらえる！」と覚《おぼ》えてもらいましょう。

困《こま》った行動 ③
ほえる

部屋でいっしょに遊んでいるとき、お散歩《さんぽ》に行ったとき、夜みんなが寝《ね》たあと……。「ダメ」って言ってもずっとほえているんだけど、どうすればいいの？

ボクたちがほえるのは、大きくわけてふたつの理由があるんだ。ひとつは、やってほしいことがあるときの「お願《ねが》いのワン」、もうひとつは、苦手なものが近づいてきたときの「警戒《けいかい》のワン」。まずはボクたちがどうしてほえているのかを考えてみてね。

どうすればいいの？

「お願いのワン」をするとき

おとなしくなるまでお願いを聞かない

「お願いのワン」をなくすには、完全《かんぜん》に無視《むし》をするしかありません。おとなしくなるまでトイ・プードルから視線《しせん》をそらしましょう。「ほえるのをやめて、おとなしくできたらお願いを聞いてもらえるんだ」とわかれば、トイ・プードルはほえなくなります。

「ごはんが食べたい」
「いっしょに遊びたい」
「お留守番《るすばん》したくない」など、お願いのワンは飼《か》い主《ぬし》さんに対してすることが多いよ。

「警戒のワン」をするとき

ほえる「原因《げんいん》」から遠ざけよう

まずは、トイ・プードルがなにに対して怖《こわ》がっているかを考えて、その原因を遠ざけましょう。その後、社会化のトレーニング（66ページ）で、知らない人や音にならす練習をすればじょじょにほえなくなりますよ。

お散歩中に知らない人に会ったときはもちろん、窓《まど》の外を知らない人がとおったとき、チャイムや電話が鳴ったとき、そうじ機《き》をかけたとき、雷《かみなり》が鳴ったとき……。「警戒のワン」には、いろいろな原因があるんだ。

困った行動 ❹

いろいろなものをかじる

床《ゆか》においておいたお気に入りのクッションと家具をかじられちゃった！ これ以上《いじょう》かじられたくないよ！

ボクたちにとって、家の中においてあるものは全部おもちゃ！ 気になるものを調べたいときや、お留守番が多くてひまになると家具や床においてあるものをかじるんだよ。かじられたくないものは、しまっておいてね！

やってしまってから しかるんじゃなくて、最初《さいしょ》から させないことが大切なんだよ。

どうすればいいの？

家具をかじるとき

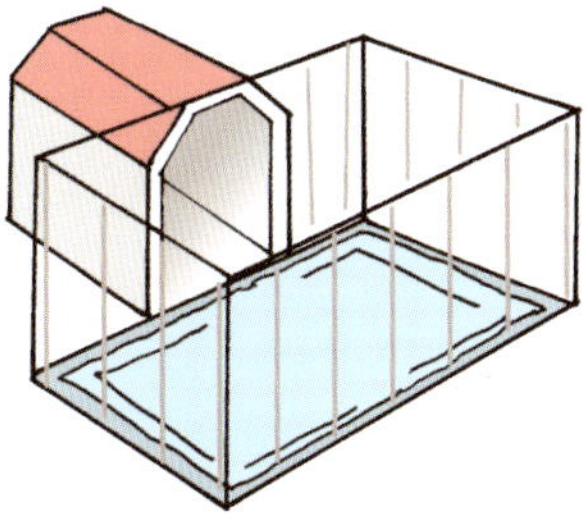

やめさせることより予防《よぼう》することを考えよう

まず、かじられて困るものを床においておくのはやめましょう。お留守番をさせるときはトイ・プードルを完全《かんぜん》に自由にはさせず、サークルとクレートでつくった「庭つき一戸建《いっこだ》て」（84ページ）の中ですごしてもらうようにしてください。

動かせない家具には苦い味をつけて

テーブルやカーペットなど、どうしても動かせないものには、苦い味のスプレーをかけてかじられないように予防してみても。

お留守番中にペットシーツをかじるとき

フードをつめたコングを入れよう

ペットシーツをビリビリとやぶくのは、お留守番中の退《たい》屈《くつ》な気持ちをまぎらわせるため。コングにフードを入れておいておき、お留守番を楽しめるようにくふうしましょう。

かじれないタイプのシーツにかえよう

洗《あら》ってくり返し使えるシーツや、カバーがついているトイレトレーを使えば、いたずらされにくくなります。

困《こま》った行動 5

飼《か》い主《ぬし》さんを無視《むし》する

お母さんが名前をよぶとすぐに走ってくるのに、わたしが名前をよんでも無視するの……。わたしのこと、きらいなのかな？

いっしょにいて安心する人、楽しい人のところには、すぐにでも走っていきたいんだ。「飼い主さんがきらいだから無視をする」とは限《かぎ》らないけど、飼い主さん以上《いじょう》に好《す》きなものがあったり、ボクたちをかまいすぎていることが原因《げんいん》かもしれないね。

どうすればいいの？

トイ・プードルと仲《なか》よくなろう

なによりも大切なのは、トイ・プードルと仲よくなること。トイ・プードルに好かれるのはどんな人かを知って（47ページ）、トイ・プードルがよろこぶ遊びをすれば（122～127ページ）仲よくなれますよ。

遊ぶことが大好《だいす》きなトイ・プードルもいれば、のんびりした子もいるよ。自分の家のトイ・プードルが好きなものを考えてみよう。

チェック！

トイ・プードルとの仲よし度は？

- □ 名前をよぶとあなたのほうを見る？
- □ あなたにほめられると喜《よろこ》ぶ？
- □ トイ・プードルと毎日遊んでいる？
- □ 体のどこをさわられてもいやがらない？
- □ 自分の家のトイ・プードルが好きなもの、苦手なものを3つずつ言える？
- □ 部屋でくつろいでいるとき、トイ・プードルは2メートル以内《いない》にいる？

チェックが5つ以上なら大親友！4つ以下《いか》だったら、47ページを読んでトイ・プードルに好かれる人になろう。

困った行動 6

人間の食べ物をねだる

わたしたちがごはんを食べていると、足にとびついてくるんだ。かわいいからあげたくなっちゃうんだけど……。ちょっとなら大丈夫《だいじょうぶ》かなぁ？

ボクたちは食べることが大好き！ 「少しだけ……」とあげてしまうと、おねだりすればもらえると覚《おぼ》えてしまうよ。人間の食べ物は味が濃《こ》いものが多いから、おいしくてドッグフードを食べなくなってしまうこともあるんだ。

どうすればいいの？

食事中は、クレートに入れておこう

少しでもあげるとおねだりがクセになるので、人間の食べ物は絶対《ぜったい》にあげないでください。 食べこぼしを拾って食べてしまうこともあるので、飼い主さんがごはんを食べるときは基本的《きほんてき》にクレートに入れておくとよいでしょう。

⚠注意

人間の食べ物には危険《きけん》がいっぱい！

人間の食べ物のなかには、犬にとって毒《どく》になるものもあります(62〜63ページ)。また、ドッグ フードにくらべてカロリーが高いため、食べすぎると太って病気になることも。決してあげないでください。

家族の食べ物をほしがらないようにするには？

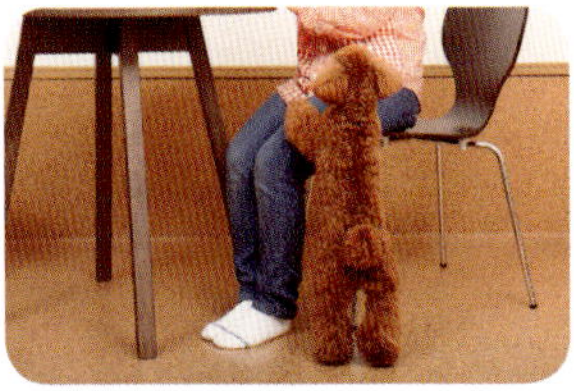

1 目をあわせずに食事をつづける

おねだりされても知らんぷりをして、反応《はんのう》しないようにしましょう。目をあわせずに食事をつづけます。

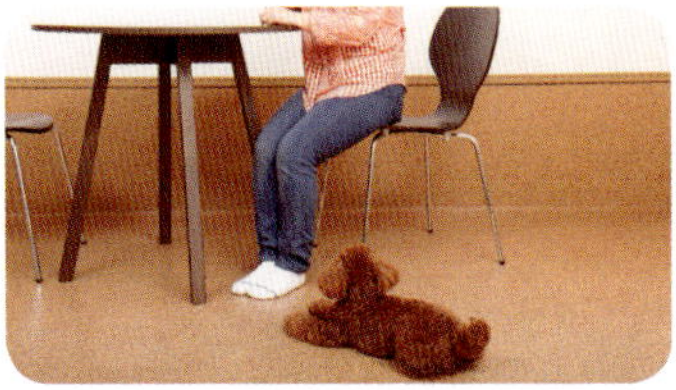

2 落ちついたらほめてごほうびをあげる

トイ・プードルが完全《かんぜん》に落ちついたら、ほめてごほうびをあげましょう。 食事のあいだ、おねだりせずにいい子にしていた場合もほめてください。

ドッグカフェ(134ページ)へは、このトレーニングができてないといっしょに行けないよ。出かける予定があるなら、練習してみよう。

困《こま》った行動 ❼

トイレがうまくできない

トイレがどうしてもじょうずにならない！
見ていないとできなかったり、部屋のあちこちでオシッコしちゃうの……。

トイレは、すぐにはできるようにはならないよ。時間をかけて教えてね。失敗《しっぱい》してしまったら、しからずに、原因《げんいん》を考えてみよう。

どうすればいいの？

見ているときにしかじょうずにできない

シーツをサークルの中にしきつめておこう

見ていないときに失敗するということは、まだトイレを覚《おぼ》えていないということ。どうしてもお留守番《るすばん》させなければならないときは、「庭つき一戸建《いっこだ》て」をつくって、失敗できないようにしましょう。

トイレを覚えていないときの失敗は、わたしたち飼《か》い主《ぬし》の責任《せきにん》。
82ページを見ながら、きちんと教えていこうね！

「ウレション」をしてしまう

「感動の再会《さいかい》」をしないようにしよう

外出先から帰ってきたときに大げさな再会をすると、トイ・プードルは興奮《こうふん》してオシッコをしてしまうことも。「飼い主さんが帰ってくるのがあたりまえ」と思ってもらうために、帰宅してすぐにトイ・プードルにかけよったりしないでください。

「ウレション」は、大好《だいす》きな飼い主さんにあえた喜《よろこ》びで、オシッコをしてしまうことだよ。子犬に多いんだ。

ウンチを食べてしまう

ぷうた！

おやつで気を引きながらすばやく片《かた》づける

まずは、ウンチをおきっぱなしにしないことが大切。ウンチをしたらおやつで気を引きながら、すばやく片づけましょう。ウンチを食べてしまう原因はいろいろ。病気にかかっていることもあるので、長くつづくなら獣医《じゅうい》さんに相談してみましょう。

部屋のあちこちでオシッコをしてしまう

トイレをきちんと教えなおそう オシッコはサッと片づけて

オスには、「ここはボクの場所だよ!」とアピールするために、いろいろなところでオシッコをする「マーキング」という習性があります。トイレでオシッコできたらこれまで以上《いじょう》にほめるようにしてください。また、オシッコはすばやく片づけましょう。

マーキングを完全になくすのはむずかしいよ。去勢手《きょせいしゅ》術《じゅつ》（146ページ）をすると落ちつくこともあるんだ。

オシッコのにおいを残《のこ》さないで

オシッコのにおいが残っていると、マーキングがクセになってしまいます。消《しょう》臭剤《しゅうざい》でこまめににおいを消しましょう。

ちゃんとできていたのに！
トイレはカンペキ！……だと思っていたのに、
ワン・ツー
ワン・ツー
急にできなくなってしまうことがあります。
ちー
なんで!?
そんなときは、あわてずに理由を考えてみましょう。
うーん
友だちが連れてきた犬のにおい？
トイ・プードルの気持ちになって解決《かいけつ》してね！
においを消してみよう
そうなの！

役に立つトレーニングを教えよう

トレーニングを覚《おぼ》えることで、いっしょに旅行ができるようになったり、ドッグカフェに行けるようになったりと、トイ・プードルと生活する楽しみがぐっと広がります。はじめはリードをつけながら練習してみましょう。

トレーニングってなぁに？

知らない人がそばに来たときに迷惑《めいわく》にならないように座《すわ》って静《しず》かに待つ、名前をよんだときにそばにきてもらうなど、飼《か》い主《ぬし》さんとトイ・プードルが安心して暮《く》らすために必要《ひつよう》なやくそくを教えることを「トレーニング」といいます。

ごほうびをじょうずに使おう

トレーニングは、
ごほうびのおやつを見せて
ボクたちの目線を
引きつけながらやるんだ。

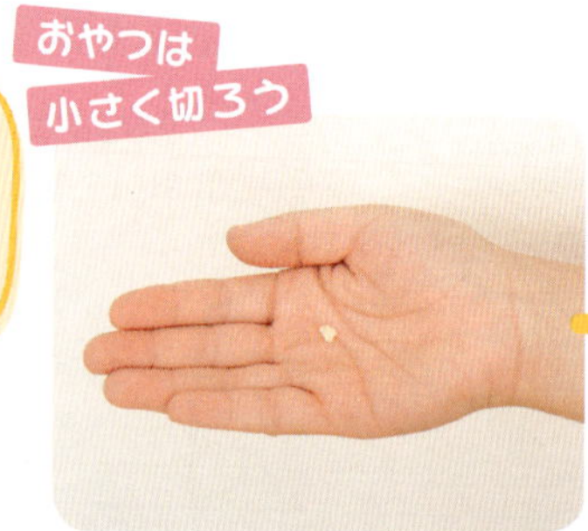
おやつは
小さく切ろう

トレーニングのおやつは、0.5cmくらいの大きさに切って使うようにしましょう。

見えないように
にぎる

おやつは見せびらかさず、親指と人さし指ではさんで、トイ・プードルから見えないようにしてください。

トレーニング❶
アイコンタクト

アイコンタクトは、
名前をよんだときに飼い主さんと
目線をあわせることだよ。

こんなときに便利《べんり》！

- 道でほかの人や犬とすれちがうとき
- はじめて行く場所に出かけたとき
- お散歩《さんぽ》中、食べてはいけないものを食べそうなとき

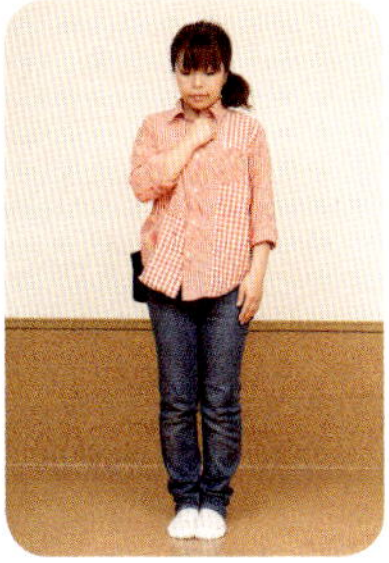

アイコンタクトのサイン
あごの下に手を持っていき、トイ・プードルの名前をよぶ

1 鼻先でおやつのにおいをかがせる

トイ・プードルと向かいあわせになって練習をします。まずは、鼻の前におやつをにぎった手を近づけましょう。

2 手をあごの下へ持っていく

手を、トイ・プードルの鼻先からあごの下にゆっくり動かします。目があったら、名前をよびましょう。

3 たくさんほめて、ごほうびをあげる

じょうずにできたら、「いい子」と声をかけてごほうびをあげます。何度か練習して、おやつがなくても目線があうように練習しましょう。

トレーニング❷
オスワリ

おしりを地面につける姿勢《しせい》をオスワリというんだ。落ちつく姿勢なんだよ。

こんなときに便利《べんり》！

- お散歩《さんぽ》前や玄関《げんかん》に出入りする前、食事の前に、ソワソワしているとき
- お散歩中、ほかの犬を見つけて興奮《こうふん》しているとき
- お客さんが来たとき

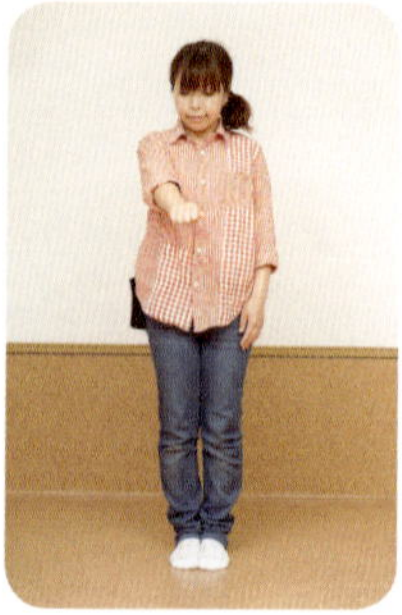

オスワリのサイン

トイ・プードルの頭の上で手をグーのかたちにする

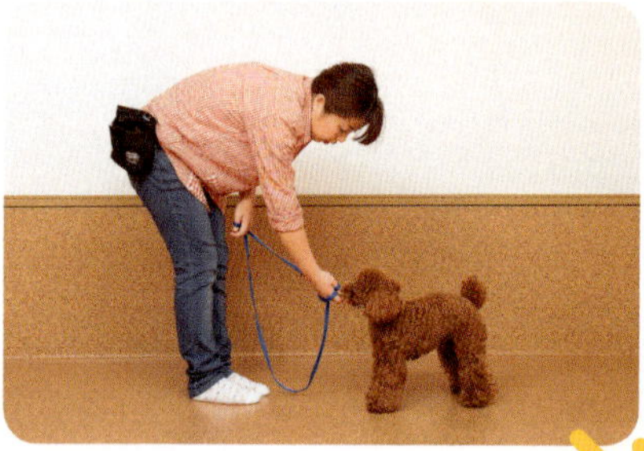

1 鼻先でおやつのにおいをかがせる

おやつを持った手をトイ・プードルの鼻の前に近づけ、手に興味《きょうみ》をもってもらいます。

2 手をグーにしてトイ・プードルの頭の上まで動かす

指が下になるように手首を返しながら、グーにした手をトイ・プードルの頭の上に動かします。

3 おしりが地面についたらたくさんほめる

手の動きにつられておしりが地面についたら、「オスワリ」と言ってごほうびをあげてください。

トレーニング❸ フセ

前足からおなかまで
地面についた姿勢をフセというよ。
長時間待つときに楽な姿勢なんだ。

こんなときに便利！

- 動物病院などで、長い時間待つときに
- ドッグカフェ（134ページ）に行って、飼《か》い主《ぬし》さんの食事を待つときに

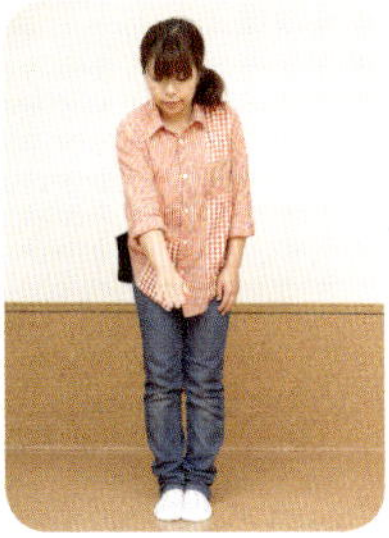

フセのサイン
指をそろえた手のひらを下に向ける

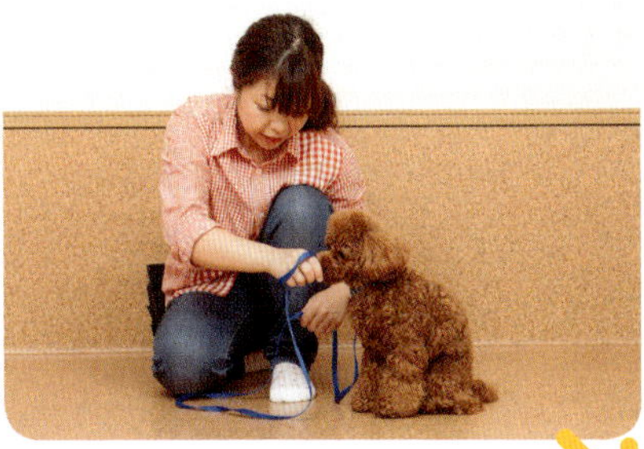

1 オスワリの状態《じょうたい》でおやつのにおいをかがせる

フセはオスワリの姿勢からスタートします。 鼻先におやつをにぎった手を近づけて興味を引きましょう。

2 鼻先からおやつをまっすぐ下げる

おやつをにぎった手をゆっくり真下におろしていくと、トイ・プードルはつられて顔を下げていきます。 逆の手でおしりをかるくおさえて。

3 おやつをにぎった手を「L」字に動かす

トイ・プードルのおなかが地面についたら、そのままおやつを鼻先からはなし、「フセ」と言っておやつをもっていない手でサインを出します。じょうずにできたらごほうびをあげましょう。

トレーニング④ マテ

マテは、今の姿勢《しせい》を保《たも》って待つこと。ごはんをがまんさせる「オアズケ」とは違《ちが》うから、注意してね。

こんなときに便利《べんり》！

- お散歩《さんぽ》中、信号《しんごう》を待つときや飼《か》い主《ぬし》さんがウンチを拾うとき
- ブラッシングなどのお手入れをするとき
- 動物病院やドッグカフェ（134ページ）で待つとき

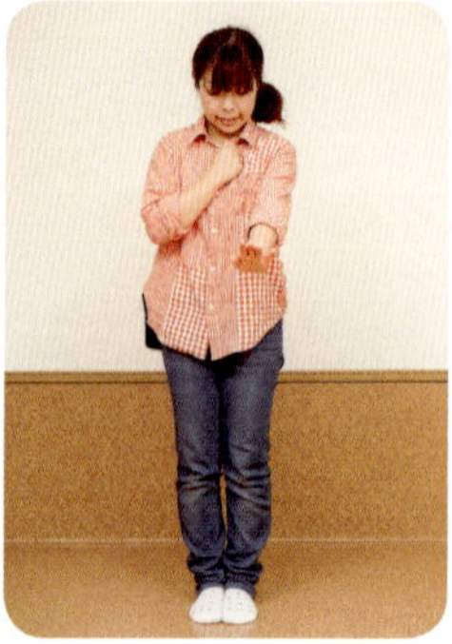

マテのサイン
手のひらをトイ・プードルに向ける

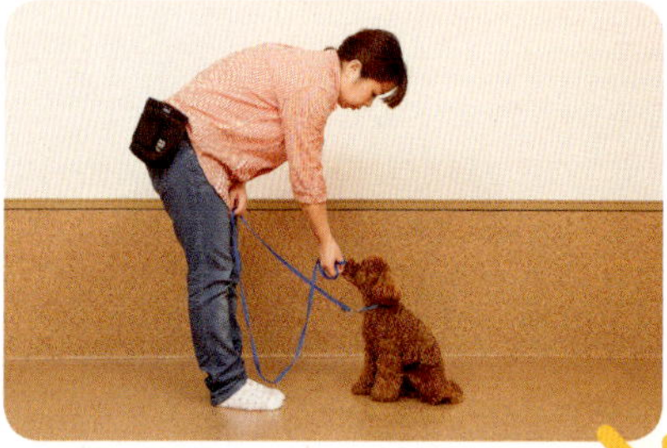

1 鼻先におやつを近づけて興味《きょうみ》をもたせる

オスワリやフセなど、マテの姿勢をとっていてほしいポーズをさせたトイ・プードルの鼻先に、おやつをにぎった手を近づけます。

2 手をあごの下まで引き上げる

おやつをにぎった手をあごの下まで持ってきます。アイコンタクト（107ページ）と同じように目線をあわせましょう。

3 動きが止まったらごほうびをあげる

トイ・プードルの動きが止まったら、手のひらを向けて「マテ」と言います。まずは3秒キープくらいからはじめ、じょうずにできたらごほうびをあげましょう。

トレーニング5 オイデ

オイデは、はなれた場所にいるトイ・プードルを飼い主さんの近くによぶことだよ。

こんなときに便利！

- トイ・プードルが危険《きけん》な場所に行きそうなとき
- お散歩中、自転車や車が近くをとおりそうなとき
- リードをつけなくてよい場所（公園の犬用スペースなど）でトイ・プードルをよぶとき

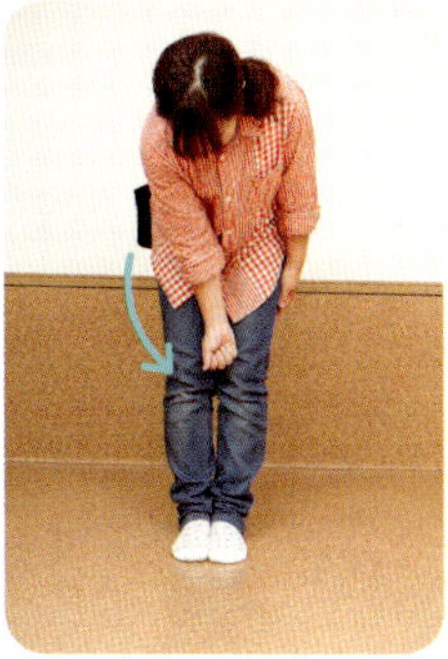

オイデのサイン
グーにした手をひざに向かって引きよせるように動かす

ぷうた！

1 名前をよんで、アイコンタクトをとる

まずは、トイ・プードルの名前をよんでアイコンタクトをとりましょう。

2 おやつを持ったまま後ろに下がる

手をトイ・プードルの鼻先に近づけ、そのままゆっくりと後ろに下がります。トイ・プードルが動き出したら「オイデ」と言いましょう。

オイデ

いい子！

3 目標《もくひょう》の場所までついたらごほうびをあげる

飼い主さんのそばまで歩いてこられたら、ほめてごほうびをあげます。最初《さいしょ》は5歩くらいからはじめるとよいでしょう。

トレーニング❻
ハウス

飼《か》い主《ぬし》さんのサインで
クレートの中に入ることを
「ハウス」というんだ。

こんなときに便利《べんり》！

- 旅行や動物病院などに車や電車で移動《いどう》するとき
- 犬が苦手なお客さんが家に来たとき
- 飼い主さんが食事をするとき
- 地震《じしん》など、災害《さいがい》が起きたとき

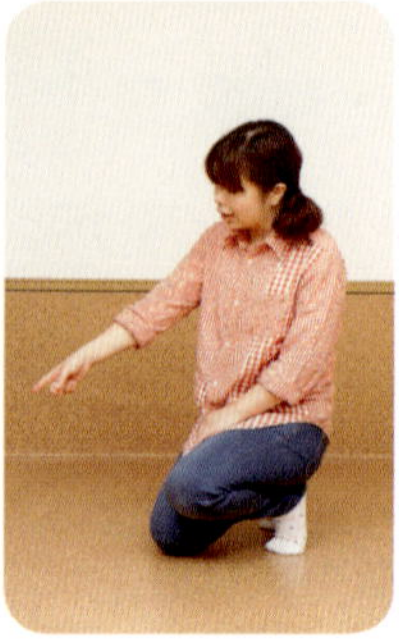

ハウスのサイン
クレートを人さし指でさす

1 おやつでクレートの中に誘《さそ》う

おやつをにぎった手をクレートの中に入れて、トイ・プードルを誘《さそ》います。クレートに入ったら「ハウス」と声をかけましょう。

2 入口のほうを向いたらごほうびを

トイ・プードルの頭が入口を向いたら、ほめておやつをあげます。扉《とびら》を開けたままトレーニングして、すぐに出ないように練習しましょう。

3 声だけで入れるように練習する

おやつを使ったトレーニングを何度かくり返して、声とサインだけでクレートに入れるように練習しましょう。

トレーニング 7

リードを引っぱらずに歩く

こんなときに便利！

- お散歩《さんぽ》で家を出るときに（とびださなくなる）
- ほかの犬とすれ違《ちが》うときに
- 拾って食べてしまいそうなものがあるときに

飼い主さんのとなりを、顔を見ながら歩けるように練習するよ。これがじょうずにできるようになると、安心してお散歩に行けるようになるね！

1 鼻先におやつを近づけて、いっしょに歩く

鼻先におやつをにぎった手を近づけ、そのまま歩きます。動き出したら名前をよびましょう。目標《もくひょう》の場所についたらおやつをあげます。

2 手を肩《かた》におき、目線を引きつけて歩く

おやつをにぎった手を肩において、トイ・プードルの目線を肩に引きつけながら歩きましょう。じょうずに歩けたらおやつをあげます。

3 顔を見て歩けるように練習する

最後《さいご》に、顔を見たまま歩けるように練習します。トイ・プードルの名前をよんでゆっくり歩いてみましょう。うまくできたらほめておやつをあげて。

教えて！

トイ・プードルQ&A トレーニング編《へん》

PART4でトイ・プードルと快適《かいてき》に暮《く》らすためのトレーニングを紹介《しょうかい》してきましたが、まだまだ「どうしたらいいの？」と思うことがあるかもしれません。飼《か》い主《ぬし》さんがもつトレーニングに対する数々の疑問《ぎもん》から、とくに多いお悩《なや》みを紹介します！

Q1 引っこしをしたら、今までできていたトレーニングができなくなっちゃった！ どうして？

A1 環境《かんきょう》が変《か》わってストレスを感じているのかも

今までの家は、トイ・プードルにとって「安全な場所」です。そこからはなれ、見ず知らずの場所に来ると、トイ・プードルは不安《ふあん》になってトレーニングをするどころではなくなってしまいます。まずは、新しい家が「安全な場所」であることをゆっくり教えていきましょう。家の中でおやつをあげたり遊んだりすれば「ここは楽しい場所なんだ！」と覚《おぼ》え、じょじょにトレーニングしたことを思い出すはずです。

Q2 夜、さみしそうに鳴くの…。いっしょに寝《ね》てもいい？

A2 同じベッドで寝るのはやめよう。寝室《しんしつ》に連《つ》れて行くのはOK！

「キューン、キューン……」と鳴かれると、かわいそうになってついついいっしょのベッドで寝てしまう飼い主さんも多いよう。ですが、いっしょに寝ることで飼い主さんにべったり甘《あま》えてしまい、お留守番《るすばん》ができない子になってしまいます。解決方法《かいけつほうほう》のひとつが、夜クレートごと寝室に連れて行くというもの。飼い主さんがそばにいることで安心して寝られる子もいます。

Q3 怖《こわ》がってほかの犬にほえるときはどうすればいいの？

A3 無理《むり》して近づかず、その場をはなれよう

ほえているとき、しっぽを丸めて体勢《たいせい》を低《ひく》くしていたら怖がっているサインです。無理に遊ばせようとすると、自分を守るために相手の犬にかみつくこともあるので、その場をはなれましょう。怖がらない場所まではなれたら、アイコンタクト（107ページ）で飼い主さんに集中させます。じょじょに距離《きょり》を近づけて、犬が近くをとおっても飼い主さんに集中していられるように練習しましょう。

PART 5
トイ・プードルともっと仲《なか》よくなろう

しぐさに注目しよう

トイ・プードルは言葉を話すことはできません。
でも、表情《ひょうじょう》や全身、鳴き声を使って、いろいろな気持ちを表現《ひょうげん》しています。
トイ・プードルのしぐさを観察《かんさつ》すれば、もっと仲《なか》よくなれるはず。

リラックスしているよ

表情

口をとじている

口をとじ、おだやかな表情をしているのは、リラックスしてのんびりしているサインです。

自然《しぜん》に立っている

ゆったりと立っているのは、のんびりしている証拠《しょうこ》。「なにをしようかなぁ」と考えています。

ポーズ

ゆったりと横になる

飼《か》い主《ぬし》さんの前でゆったりと横になっている場合は、あなたを信頼《しんらい》して落ちついています。

部屋でリラックスのポーズをとっていたら、かまわずにのんびりさせてあげよう！

ワーイ、うれしいな♥

飼い主さんを
遊びに誘《さそ》いたいときに
このポーズをとるんだ。

表情

口を少し開いて目をうるうるさせる

飼い主さんと目をあわせるのは、信頼している証拠。「遊ぼう」とおねだりしているのかも。

ポーズ

前足を伸ばして体を低《ひく》くする

上半身を低くしておしりをあげるポーズは、飼い主さんやお友だちの犬を遊びに誘っています。

前足をあげる

飼い主さんの足や手に前足をのせるのは、「ねぇねぇ」というお願《ねが》いのサインです。

後ろ足で立つ

飼い主さんと遊んでいるときなど、楽しい気分になると、後ろ足で立つことがあります。

このポーズが見られた
ときは、いっぱい
遊んでやるぞー！

おもしろいものを見つけたぞ♪

なにか
見つけたのかな？

表情《ひょうじょう》

ひとつの場所をじっと見つめる

じっと一点を見つめているのは、なにかに興味《きょうみ》があるときの表情です。

首をかしげる

「どうしたの？」「なにかあるの？」というとき、トイ・プードルは首をかしげます。

ポーズ

うぅ、怖《こわ》いなぁ…

表情

耳が後ろを向いている

耳が後ろのほうを向いてまばたきをくり返すのは、「怖いなぁ」という気持ちの表れです。

しっぽをまいて姿勢《しせい》が低《ひく》くなる

なにか怖いものを見つけると、トイ・プードルはしっぽを下げ、低い姿勢でようすを見ます。

ポーズ

座《すわ》りこむ

「これ以上《いじょう》近づきたくない!」という気持ちを表すために、背中《せなか》を丸くして座りこむことも。

行きたくない場所があると、
その場に座りこんだりするんだ。

ケンカをする気はないよ

「あなたは敵《てき》ではないから、
ケンカしません」と
伝《つた》えようとしているんだ。

ポーズ

フセをして丸くなる

フセをして丸くなるのは、体を小さくして、「戦《たたか》うつもりはないよ」という気持ちを表しています。

あお向けになって おなかを見せる

飼《か》い主《ぬし》さんにこのポーズをするのは、「敵じゃないよね？　なでてなでて!」という気持ちの表れ。

やめてよ！

いやがっているときに
しつこくしない
ようにしてね！

表情

鼻にしわをよせてキバをむく

「ウーッ」とうなり声をあげながらキバをむくのは、「もうやめてよ!」と言っているサインです。

ポーズ

しっぽを立てて身をのり出す

しっぽをピンと立てて身をのり出すのは、「それ以上近づくとかんじゃうよ!」と伝えようとしています。

お、落ちつかなくちゃ！

不安《ふあん》なときに
見られるしぐさだよ。

表情《ひょうじょう》

鼻をなめる

不安な気持ちになったときに、自分を落ちつかせようとして鼻をなめることがあります。

地面のにおいをかぐ

においをかぐことで、不安な気持ちをやわらげようとします。オシッコをしたいときのサインの場合も。

ポーズ

あくびをする

あくびをするのは、「落ちついて」というサイン。家族がケンカしているときに見られることも。

顔をそむける

フイッと顔をそむけるのは、「あなたを敵《てき》だと思ってないよ」と伝《つた》えようとしています。敵だと思っている相手からは目をそらしません。

体を振《ふ》る、耳をかく

ぬれているわけでもないのに体を振っていたら、「いやな気持ちはとんでいけ！」という気分になっています。

気持ちを落ちつけようとする行動のことを、「カーミング・シグナル」っていうんだよ！

具合が悪いよ〜！

このサインが
見られたら、
動物病院に
連《つ》れて行ってね！

くしゃみが多い

くしゃみが多かったり、鼻水が止まらないときは、ウイルス性の病気の可能性《かのうせい》があります。

プシュ

フラフラと歩く

片足《かたあし》を地面につけなかったり、フラフラと歩いている場合は、骨折《こっせつ》などのケガをしているのかも。

じっとして動かない時間が多い

体の調子《ちょうし》が悪いときや足にケガをして歩けない場合、うずくまって動かなくなってしまうことも。

よだれが止まらない

よだれが止まらないのは、歯周病《ししゅうびょう》（150ページ）や、食べてはいけないものを食べたことによる中毒《ちゅうどく》（62ページ）の可能性が。

豆知識《まめちしき》 トイ・プードルもにっこり笑《わら》うの？

トイ・プードルが目を細めてにっこりと笑っているような表情をしているのを見ると「笑っているのかな？」なんて思いますよね。しかし、残念《ざんねん》ながらトイ・プードルは表情をつくるための筋肉《きんにく》が人間ほど発達《はったつ》していないため、「笑顔《えがお》」をつくることはできません。人間にとって「笑顔」に見える表情は、リラックスして落ちついているときに見られます。

表情で気持ちを
表せないぶん、
体を使って
伝えているんだ！

トイ・プードルと遊ぼう

遊びは、トイ・プードルと仲《なか》よくなれるだけでなく、ストレスを発散《はっさん》させたり、トレーニングとしても役立ちます。室内でできる遊びに挑戦《ちょうせん》してみましょう。

トイ・プードルともっと仲よくなれる！

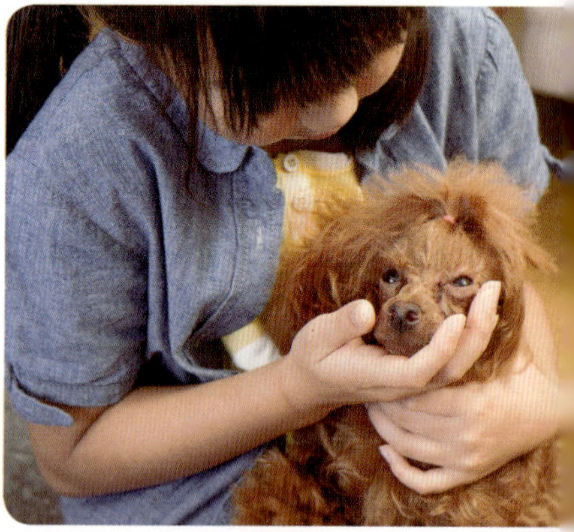

トイ・プードルは運動が得意《とくい》で頭がよく、好奇心《こうきしん》も強いので、飼《か》い主《ぬし》さんと遊ぶのが大好き。遊ぶことで、ストレスの発散になり、なによりトイ・プードルと仲よくなることができます。毎日、少しでもよいので遊びの時間をつくりましょう。

トイ・プードルと遊ぶときの注意

トイ・プードルと遊ぶときは、飼い主さんから遊びに誘《さそ》いましょう。遊びを終わらせるときは、トイ・プードルがあきてしまう前に飼い主さんから終了《しゅうりょう》のサインを。それから、遊ぶ前にかならずオスワリをする、といった「やくそく」を決めましょう。

オイデ・オイデゲーム

準備《じゅんび》するもの

おやつ

小さくしてあげましょう

オイデ・オイデゲームは、はなれた場所からボクたちに「オイデ」と言って、近くまでよぶゲームだよ。「オイデ」のトレーニングにもなるんだ。ふたり～3人でやるのがおすすめ！111ページを参考《さんこう》に、「オイデ」を練習してから挑戦してね！

オイデ・オイデゲームに挑戦！

ふたりで順番《じゅんばん》によぶ

まずはふたりで順番に「オイデ」とよんでみましょう。最初《さいしょ》はおやつを使って練習して、なれてきたら声だけで挑戦します。

3人で順番によぶ

ふたりでのゲームになれたら、3人に増《ふ》やそう！ 順番に声をかけ、トイ・プードルをよんでおやつをあげましょう。

みんなでいっしょによぶ

おやつなしでも「オイデ」ができるようになったら、いよいよ3人同時によんでみて。トイ・プードルはだれを選《えら》ぶかな？

トイ・プードルはだれのところに来るんだろう？
お世話を毎日がんばって仲よくしていれば、選んでくれるようになるかなぁ。

かくれてよんでみる

ひとりでも「オイデ・オイデゲーム」に挑戦することはできます。ソファなどの家具の後ろにかくれて、トイ・プードルをよんでみましょう。トイ・プードルは、声とにおいであなたがかくれている場所をさがします。

トイ・プードルに見つかったら、たくさんほめてごほうびをあげましょう！

引っぱりっこゲーム

準備《じゅんび》するもの

おやつ

小さくしてあげましょう

おもちゃ

ひもつきのものにして

引っぱりっこゲームは、ヒモがついたおもちゃを使って引っぱりあうゲームだよ。トイ・プードルの「かみたい」という気持ちを満足《まんぞく》させることができるんだ。

引っぱりっこゲームに挑戦《ちょうせん》！

1 飼《か》い主《ぬし》さんから遊びに誘《さそ》う

ひものついたおもちゃをトイ・プードルの前でゆらして、引っぱりっこゲームに誘います。

2 おもちゃをくわえたらゲームスタート

おもちゃをくわえたら、ゲームスタート！　上下、左右におもちゃを振《ふ》ってみましょう。

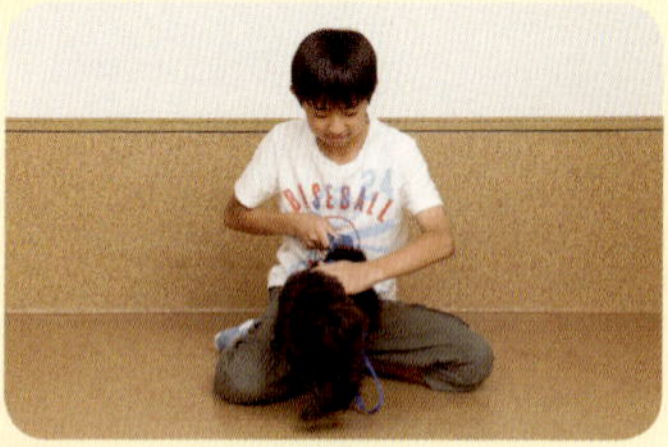

3 遊びながら、体にふれてみる

遊びながら、トイ・プードルの体にさわってみて。「遊んでもよいのはおもちゃで、人間の手はかんではいけないもの」だと教えられます。

4 「チョウダイ」でおもちゃをはなしてもらう

トイ・プードルがあきる前にゲームを終わらせて。「チョウダイ」と言って、おもちゃとおやつを交換《こうかん》します。

レベルアップしよう

おもちゃとおもちゃを交換してみよう

おやつとおもちゃを交換できるようになったら、今度はおもちゃとおもちゃを交換してみて。「チョウダイ」だけでおもちゃをはなせるように練習しましょう。

引っぱりっこゲームは「かみたい」という気持ちを満足させることができるんだ。引っぱりっこでトイ・プードルに負けないようにがんばってね！

ジャンピングゲーム

準備するもの

おやつ

小さくしてあげましょう

トイ・プードルはジャンプが大得意《だいとくい》！ ジャンピングゲームは運動不足《ぶそく》を解消《かいしょう》でき、さらに飼い主さんのサインでジャンプをさせることで、むやみにとびつかなくなるよ。

ジャンプの練習をしよう

1 おやつで引きつけて足の上をとおす

飼い主さんは、座《すわ》って片足《かたあし》を伸《の》ばします。おやつで引きつけて足の上をとおらせてみましょう。

2 おやつを早く動かしてジャンプさせる

引きつけるおやつの動きをはやくして、トイ・プードルをジャンプさせます。足をタテにならべ、ジャンプしやすい高さにして挑戦してみて。

ジャンピングゲームに挑戦！

ひざの下をくぐらせよう

ジャンプがじょうずにできるようになったら、今度はひざを曲《ま》げて下をくぐらせましょう。「ジャンプ→くぐらせる」を何度もくり返してみて。

ダンボールでハードルをつくろう

ダンボールで手づくりハードルに挑戦！ ダンボールハードルなら、高さを自由に調節《ちょうせつ》でき、万が一トイ・プードルが足を引っかけた場合もすぐにたおれるので安心です。

ダンボールハードルのつくり方

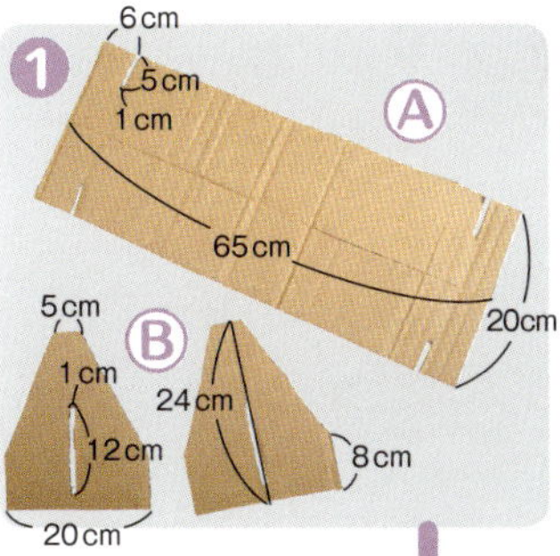
1
6cm
5cm
1cm
Ⓐ
65cm
20cm
5cm
Ⓑ
1cm
24cm
12cm
8cm
20cm

ダンボールを切りわける

大きめのダンボールを、写真のように3つに切りわけます。Aは真ん中に線を引き、タテ半分に折《お》り曲げておきましょう。

2

Ⓐの両はしにⒷの部品をはめる

折り曲げたⒶの切りこみを下にして、Ⓑの切りこみ部分にはめこみ、かみあわせてつなげます。両サイドはめてかたちを整えたら、完成《かんせい》です！

ツンツン・タッチゲーム

準備《じゅんび》するもの

さし棒《ぼう》

伸《の》びちぢみする
さし棒が便利《べんり》

おやつ

小さくして
あげましょう

ツンツン・タッチゲームは、飼《か》い主《ぬし》さんの手やものに鼻をツンとつけるゲームだよ。じょうずにタッチできるようになると、飼い主さんの手にじゃれなくなるんだ。

タッチの練習をしよう

1 手のひらを見せながらトイ・プードルをよぶ

おやつを人さし指と中指の間にはさみ、手のひらをトイ・プードルに見せながら、名前をよびます。

2 手のひらにタッチできたらほめる

近づいてきたトイ・プードルが手のひらにタッチできたら、ほめておやつをあげましょう。

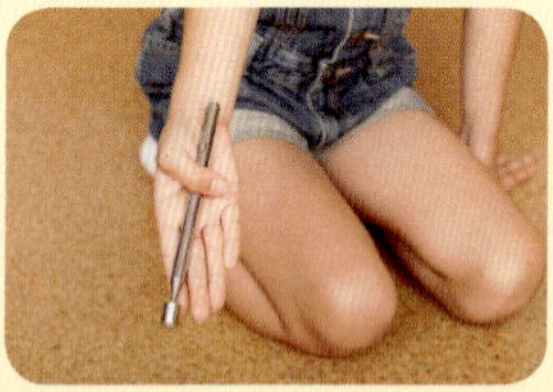

3 手の中にさし棒を持ちながらよぶ

今度はさし棒に挑戦《ちょうせん》！　上の写真を参考《さんこう》に、さし棒を手のひらから少し出るようにして持ちましょう。

4 さし棒が出ている長さを少しずつのばす

手のひらからさし棒が出ている長さを少しずつ長くしてみましょう。棒の先に鼻をタッチできるように練習して。

ツンツン・タッチゲームに挑戦！

さし棒をのばしてみよう

さし棒をじょじょに長くすれば、1mくらいの長さのものでタッチできるようになります。さし棒を動かして、30秒で何回タッチできるかチャレンジしましょう！

障害物《しょうがいぶつ》をおいてみよう

タッチするさし棒や手のひらとトイ・プードルの間に、コーンやハードルなどの障害物をおくと、さらに難易《なんい》度《ど》が上がります。

ワン・ツー・スリーゲーム

準備するもの

おやつ

小さくしてあげましょう

リード

ストップウォッチ

ワン・ツー・スリーゲームは時間で勝負するためにふたり以上《いじょう》でやるのが、おすすめだよ！

ワン・ツー・スリーゲームは、オスワリとマテと、お散歩《さんぽ》で飼い主さんのとなりを歩くトレーニングになる、上級者さん向けの遊びだよ。毎日少しずつ練習してみよう！

ワン・ツー・スリーゲームに挑戦！

1 オスワリをさせた状態《じょうたい》からスタート

トイ・プードルにリードをつけ、オスワリさせてからゲームスタート。

2 おやつで気を引きながら3歩進む

おやつを鼻先において、気を引きながら3歩前へ進みます。「ワン・ツー・スリー」と数を数えましょう。

3 オスワリをさせて、3秒数える

3歩進んだところで、オスワリをさせます。マテでオスワリの姿勢《しせい》を3秒キープさせ、「ワン・ツー・スリー」とコールしましょう。

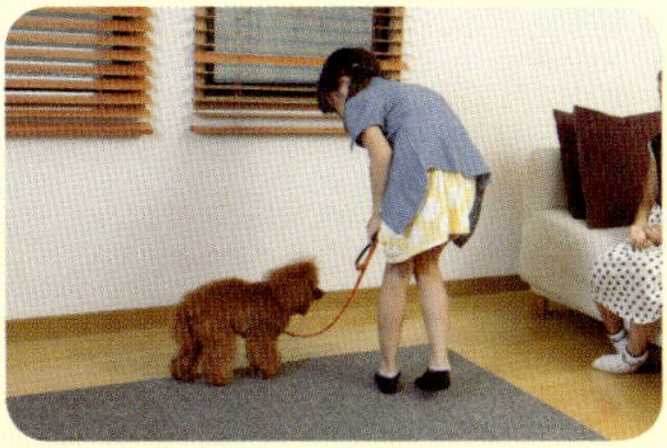

4 3歩進む→3秒オスワリをくり返す

「3歩進む→3秒オスワリ」をくり返します。「ワン・ツー・スリー」でしっかりカウントしましょう。

ストップウォッチで時間をはかるとより楽しめるよ。「30秒で何回できるか」「5セットやるのに何秒かかるか」で兄弟やお友だちと競争《きょうそう》してみよう！

「オスワリ」と「マテ」、お散歩の練習にもなるよ！

トリックに挑戦《ちょうせん》してみよう

「オテ」で前足を出したり、手をピストルのかたちにして「バーン!」でごろんと横になったり……。あこがれのトリックに挑戦してみましょう!

トリックってなぁに?

オテやハイタッチ、スピンなど、トレーニングとは関《かん》係《けい》のない「芸《げい》」のことを「トリック」といいます。かならず覚《おぼ》えなければいけないものではありませんが、トイ・プードルは新しいことを覚えるのが大好《だいす》きなので、ぜひ挑戦してみて!

教えるときのルール

ポイント1

みんなができるとは限らないよ

トリックのなかには、むずかしいものもあります。すべてのトイ・プードルができるようになるとは限《かぎ》らないので、できないからといって落ちこんだりしないでください。

ポイント2

楽しみながら教えよう

トリックは、トイ・プードルとの遊びのひとつです。「できたらラッキー!」くらいの気持ちで挑戦し、イライラせずに楽しみながら教えてみましょう。

かならず覚えなきゃ
いけないものじゃ
ないよ!

トリックは
トレーニングじゃなくて、
遊びのひとつだよ。

初級編《しょきゅうへん》①
オテ＆オカワリ

片足《かたあし》を飼《か》い主《ぬし》さんの
手の上にのせるよ

教えてみよう

**オスワリをさせ
前足のつけ根にふれる**

オスワリの姿勢《しせい》からスタート。トイ・プードルの前足のつけ根を軽くトントンとさわりましょう。じょじょに前足が上がってきます。

オテ

**前足が手のひらにのったら
「オテ」と言う**

持ち上がった前足を、手のひらの上にのせます。「オテ」と声をかけ、ごほうびをあげて。なれると、声だけでできるようになります。

オテがじょうずにできるようになったら、反対の手にも挑戦しましょう。オテの逆《ぎゃく》の手は、「オカワリ」になります。

初級編②
ハイタッチ

高い位置《いち》で
飼い主さんの手に
タッチするよ

教えてみよう

**手のひらをトイ・プードルに
向けて「オテ」をさせる**

オテと同じ方法《ほうほう》で前足をあげる練習をします。このとき、手のひらを上に向けず、トイ・プードルに向けてください。

ハイタッチ

**手のひらをじょじょに
高くしていく**

前足をおかせる手の位置を、少しずつ上げていきましょう。じょうずにできたら「ハイタッチ」と言って、ごほうびをあげます。

手の高さや向きをはっきりしないと、上で紹介した「オテ&オカワリ」とまざってとまどってしまうので、注意しましょう。

中級編《ちゅうきゅうへん》①

おじぎ

前足を下げて、
おしりをあげるポーズ
をとることだよ

教えてみよう

おやつをトイ・プードルの前足の間におく

おやつをにぎった手を、トイ・プードルの鼻先から、前足の間に向かっておろします。体からはなすと「フセ」をしてしまうので、体の内側《うちがわ》に入れて。

おしりをあげたら、おやつをすばやくはなす

前足を下げておしりをあげるポーズをしたら、おやつをすばやくトイ・プードルからはなします。「オジギ」と言っておやつをあげましょう。

どうしても「フセ」をしてしまう場合は、おしりが下がらないようにおやつを持っていないほうの手で支《ささ》えるとよいでしょう。

中級編②

スピン

その場で
くるくると
まわるよ

教えてみよう

おやつを鼻先につけ時計まわりにまわす

おやつを持った手を、トイ・プードルの鼻先から時計まわりにゆっくりまわします。1mくらいの円をかくイメージでやってみて。

1周《しゅう》したら「スピン」と言ってごほうびをあげる

おやつについて1周できたら、「スピン」と言っておやつをあげましょう。手だけでまわれるように、練習してみてください。

じょうずにまわれない場合は、手の動きが早すぎるか、円が小さいことが原因《げんいん》かも。なれてくると、何周でもまわれるようになります。

上級編

バーン！

飼《か》い主《ぬし》さんの
サインと声で、
ごろんと横になるよ

むずかしいトリック
だけど、できるように
なったら
カッコいいな！

教えてみよう

フセをさせて、鼻先におやつをつける

「バーン！」はフセの姿勢《しせい》からスタートします。 おやつを鼻の先につけて注意を引きましょう。

体の横から後ろ足に向かって手を動かす

おやつを持った手を、トイ・プードルの後ろ足に向かって動かしましょう。 今回は、体の左側《ひだりがわ》をとおしました。

手を頭の近くまで動かし、ゴロンをさせる

体の左側から、今度は頭の近くまで手を動かします。 すると、体を横向きにたおす「ゴロン」の姿勢になりました。

手をピストルのかたちにして「バーン！」と言う

ゴロンができたら、手をピストルのかたちにし、「バーン！」と言っておやつをあげましょう。

この方法《ほうほう》でできるようになったら、先に「バーン！」とコールしてから手の動きだけでゴロンできるように練習しましょう。 根気よく練習すれば、「バーン！」だけでゴロンと横になりますよ。

バーンは紹介《しょうかい》した
トリックのなかでもいちばん
むずかしいよ。無理《むり》をしないで、
少しずつ練習してね！

豆知識《まめちしき》 「ゴロン」の進化版《しんかばん》「ローリング」って？

ゴロンの姿勢から、おやつを持った手をスタートした位《い》置《ち》と反対側《はんたいがわ》まで動かして誘導《ゆうどう》すると、そのままくるんと一回転する「ローリング」になります。ローリングを覚《おぼ》えると、ゴロンのときも勢《いきお》いがついてくるんとまわってしまうので、どちらを教えるか決めておくとよいでしょう。

トイ・プードルとお出かけしよう

トイ・プードルは、飼《か》い主《ぬし》さんとお出かけするのが大好き。
いっしょに旅行に行ったり、キャンプをしたりすることもできます。
106〜113ページのトレーニングができるようになったら、ぜひチャレンジしましょう。

お出かけするのは必要《ひつよう》なトレーニングができてから

飼い主さんの言うことを聞かずにほえつづけたり、オスワリやフセでおとなしく待てないトイ・プードルは、まわりの人に迷惑《めいわく》をかけてしまうため、お出かけすることはできません。役に立つトレーニングを教え、困《こま》った行動を解決《かいけつ》してから出かけましょう。

チェック!

お出かけに必要なもの

□ **クレート**
トイ・プードルをひとりで待たせるときや移動《いどう》のときはクレートに入っていてもらいます。

□ **フードとフード皿**
フードは、少し多めに持っていきましょう。フード皿は折《お》りたためるタイプがあると便利《べんり》です。

□ **迷子札《まいごふだ》・鑑札《かんさつ》**
トイ・プードルとはぐれたときに必要です。首輪《くびわ》につけて、番号をメモしておきましょう。

□ **ペットシーツ**
移動中や宿泊《しゅくはく》先のトイレとして使います。多めに持っていくと安心です。

□ **マナーグッズ**
ウンチやオシッコを片《かた》づけるためのビニール袋《ぶくろ》やティッシュは、かならず持つようにして。

□ **常備薬《じょうびやく》**
なれない場所で体調をくずすこともあるので、酔《よ》い止めや下痢《げり》止めを持っていきましょう。

遠くに連《つ》れて行くときは

お出かけになれていない子を急に遠くに連れて行こうとすると、ストレスで体調をくずしてしまうことがあります。事前に、近い場所で練習しておくと安心です。車や電車で出かける場合は、かならずマナーを守りましょう。

車にのせて移動する

車の中でボクたちを自由にさせると、座席《ざせき》から落ちてケガをしたり、運転をじゃましてしまうことがあるよ。クレートに入れて、落ちついて移動できるようにしてね。

クレートを後ろの座席におき、シートベルトでしっかり固定《こてい》しましょう。

電車で移動する

ボクたち小型犬《こがたけん》は、クレートやキャリーバッグに入れれば電車にのせられる決まりなんだ。改札口《かいさつぐち》で駅員さんと話して、専用《せんよう》のきっぷを買ってね。

トイ・プードルが顔を出したり、まわりの人にほえると、電車からおりなければならなくなります。

ひとりにしないで！
外出先で、ちょっと気になるものを見つけて……
少しだけ……とお店の外につなぐのは、絶対《ぜったい》ダメ！
ちょっとならへいきかなあ～
いたずらされたり、連れ去《さ》られてしまうことがあります。
大切なトイ・プードルを守れるのは、飼い主さんだけだよ！
絶対に目をはなさないよ！

トイ・プードル
なるほど
コラム4

トイ・プードルと出かけられるスポット

基本的《きほんてき》なトレーニング（106ページ）を覚《おぼ》えたら、トイ・プードルといっしょにいろいろなところへお出かけしてみよう！　いっしょにカフェで食事をしたり、犬と泊《と》まれるホテルやペンションへ旅行に行くこともできるんだよ。出かけるときは、ほかのお客さんの迷惑《めいわく》にならないように、注意点をしっかり守ってね。お出かけに必要《ひつよう》なもの（132ページ）をかならず持っていこう。

ドッグカフェ

ドッグカフェは、飼《か》い主《ぬし》さんと犬がいっしょに食事をとれるカフェのこと。人間用の食事のほかに、犬専用《せんよう》のメニューがおいてあるんだ。お店で飼っている「看板《かんばん》犬」がいることも多いから、トイ・プードルにお友だちをつくることもできるよ。ドッグカフェを利用《りよう》するときは、お店に入る前にトイレをすませよう。トイ・プードルがテーブルにのったりほかのお客さんに近づかないように、リードを短く持ってね。

利用する前にチェック！

- 基本のトレーニングを覚えている
- 人間の食べものをねだらないようにトレーニングできている（103ページ）
- ワクチンをすべて打ち終わっている
- 避妊《ひにん》・去勢手術《きょせいしゅじゅつ》をすませているか、発情期《はつじょうき》ではない（146ページ）

［写真協力］Cafe&Bar A+
住所：東京都台東区浅草3-4-10
電話：03-6458-1795
営業時間　火～土 15：00～24：00、日 11：00～20：00
月曜定休

ホテル・ペンション

ここ数年で、ペットといっしょに泊まれるホテルやペンションが増《ふ》えているんだ。「愛犬《あいけん》といっしょに楽しく旅行をしたい！」という飼い主さんにおすすめだよ。なかには、犬と遊ぶためのグラウンドや、いっしょに入れるプールがあるホテルもあるよ。利用するときは、かならずリードをつけてほかのお客さんの迷惑にならないようにしよう。ベッドやソファにはトイ・プードルをのせないでね。

利用する前にチェック！

- 基本のトレーニングを覚えている
- ペットシーツの上でトイレができる
- ワクチンをすべて打ち終わっている
- 避妊・去勢手術をすませているか、発情期ではない

［写真協力］鳥羽わんわんパラダイスホテル
住所：三重県鳥羽市小浜町272　電話：0599-25-7000　無休

PART 6
トイ・プードルの健《けん》康《こう》を守ろう

元気で長生きさせるには

トイ・プードルの寿命《じゅみょう》は15～16年くらいといわれています。
できるだけ長く、健康《けんこう》に暮《く》らすためには、きちんとお世話することと、
病気のサインにはやめに気づいてあげることが大切です。

「いつもと違《ちが》う」は病気のサイン

いつもなら
すぐ食べるのに。

病気のときやケガをしたときは、かならず「助けて！苦しいよ！」のサインを送っているよ。だから、いつもと違ったようすがないか、毎日チェックしてほしいんだ。なにか変《か》わったようすがあったら、動物病院に連《つ》れて行ってね。

くわしくは 138ページへ

信頼《しんらい》できる動物病院を見つける

すぐ
終わる
からね

病気になったときに備《そな》えて、家の近くに信頼できる動物病院を見つけておくといいよ。気になることがあったら、すぐに相談できる先生だと安心だね。定《てい》期的《きてき》に健康診断《けんこうしんだん》や予防接種《よぼうせっしゅ》に連れて行くことも忘れないで！

くわしくは 142ページへ

トイ・プードルを病気にしてしまう原因《げんいん》

トイ・プードルの健康を守れるのは飼《か》い主《ぬし》さんだけ！　食事やお散歩《さんぽ》、お手入れなど、まずは毎日のお世話をきちんとすることが、病気を予防《よぼう》することにつながります。

人間の不注意《ふちゅうい》で
病気やケガを
してしまうこともあるよ

おやつをあげすぎたり、抱《だ》っこしているときに落としてしまったり、お散歩中に落ちているものを食べてしまったり……。ちょっとした飼い主さんの不注意で、とり返しのつかない病気やケガを引き起こしてしまうことがあります。日ごろの接《せっ》し方に、注意しましょう。

太りすぎや運動不足《ぶそく》は
いろいろな病気の
原因になるよ

健康でいるためには、太らせないことが絶対条《ぜったいじょう》件《けん》！　肥満《ひまん》はさまざまな病気の原因になります。おやつやフードのあげすぎに注意し、適度《てきど》な運動を毎日しましょう。でも、やせすぎもいけません。

太っているかチェックしよう！

トイ・プードルの体を上から見てみて、おなかにくびれ（ほかの部分より細い部分）がなければ、太りぎみです。

くびれ

太ってしまったら……

- 動物病院に相談する
- おやつを減《へ》らす
- フードの量《りょう》をきちんとはかってあげる

太りすぎは病気のもと
おやつやフードをあげすぎると……
ぷうたはおやつ大好《だいす》きだもんね。ハイ！
おやつもっとちょうだい！
いつのまにかトイ・プードルがおデブちゃんに!!
ボョ〜〜ン
ハッ
このままほうっておくと、怖《こわ》い病気になることもあります。
糖尿病《とうにょうびょう》
心臓病《しんぞうびょう》
関節炎《かんせつえん》
健康のために、ダイエットをがんばろうね！
ごはんをひかえて、運動もちゃんとしようね

病気のサインを見のがさないで

いくらきちんとお世話をしていても、トイ・プードルが病気になってしまうことはあります。はやく発見して動物病院に連《つ》れて行けば手遅《ておく》れにならずにすむので、病気のサインに気づいてあげましょう。

ポイント1
見てわかるサインを見のがさない

なでるとき、抱《だ》っこをするとき、お手入れをするときに、ボクの体をよく見てね。いつもと違《ちが》うところがあれば、病気やケガのサインかもしれないよ。そのためにも、まずは健康《けんこう》な体の状態《じょうたい》を知っておいてね！

健康《けんこう》なトイ・プードル

目
目やにや涙《なみだ》が出ておらず、イキイキとしている。はれぼったかったり、白くにごったりしていない

耳
耳の中がきれいで、においもない

毛と皮膚《ひふ》
毛がつやつやし、皮膚《ひふ》にはりがある。毛が抜《ぬ》けていたり、においがきつかったりしない

鼻
適度《てきど》にぬれていて（寝《ね》ているときは乾《かわ》いている）、鼻水が出ていない

おしり
ウンチでよごれていたり、はれたり赤くなったりしていない

口と歯
歯ぐきは健康なピンク色で、口がくさくない。よだれが異常《いじょう》に出ていない

爪《つめ》
伸《の》びすぎたり、欠《か》けたりしていない

ポイント2 行動でわかるサインを見のがさない

1 食欲《しょくよく》がない

フードだけでなく、大好物《だいこうぶつ》のおやつにも見向きもしないときは体調が悪いのかもしれません。ようすを見て、ほかにも異《い》変《へん》があったり、食欲不振《ふしん》がつづくようであれば動物病院に連《つ》れて行きましょう。

2 お散歩《さんぽ》をいやがる

大好《だいす》きなお散歩に行くのをいやがるときは、体調が悪かったり、関節《かんせつ》が痛《いた》かったりするサインです。また、年をとるとお散歩に行きたがらなくなることがありますが、お散歩をやめると筋力《きんりょく》が衰《おと》えてしまうので、ようすを見ながらつづけましょう。

3 動きがおかしい

足を引きずって歩いていたり、フラフラしていたりと、いつもと変《か》わった動きをしているときは注意が必要《ひつよう》。鳴き声がおかしいときも、痛《いた》みや苦痛《くつう》を訴《うった》えているのかもしれません。

あれ？
・・・・
お散歩に行くよー！

ふだんからよく行動を観察《かんさつ》しておけば、「いつもと違う」ようすに気づけるはず！　健康なときの行動も観察しておいてね。

ポイント3 ウンチやオシッコの変化《へんか》を見のがさない

ウンチやオシッコにも、病気のサインがかくれているよ！　ウンチやオシッコの状態《じょうたい》をよく観察してね。いつもよりトイレに行く回数が多くても少なくても病気の可能性《かのうせい》があるので、注意してね。

いいウンチ！

おうちの方へ

ちょっとした変化がとり返しのつかない事態になることがあるので、気になることがあったら動物病院に電話をして相談してみましょう。なにもないことがわかれば、安心できます。お子さんといっしょに、毎日の健康チェックを行なってください。

トイ・プードルの健康《けんこう》チェックシート

毎日の日課《にっか》にしたい健康チェック。このシートを見ながら行なえば、もれがなく行なえます。トイ・プードルと接《せっ》するときに、変《か》わったようすがないかをチェックする習慣《しゅうかん》をつけましょう。

目

- ✓目がイキイキしているか
- ✓目やにが出ていないか
- ✓涙《なみだ》が出ていないか
- ✓目がはれたりしていないか
- ✓目が白くにごっていないか

耳

- ✓耳の外や中に耳あかや傷《きず》、できものなどがないか
- ✓かゆがっていないか
- ✓かいでみて、においがしないか

鼻

- ✓起きているときに、鼻が乾《かわ》いていないか
- ✓鼻水や鼻血が出ていないか
- ✓鼻がつまっていないか

口と歯

- ✓口がくさくないか
- ✓歯ぐきの色はピンク色か
- ✓よだれの量《りょう》が多かったり、口のまわりがよごれていたりしないか
- ✓歯によごれがついていないか
- ✓歯がぐらぐらしていたり、欠《か》けたりしていないか

足や爪《つめ》

- ✓足を引きずっていたり、はれたりしていないか
- ✓爪が伸《の》びすぎたり、欠けたり曲がったりしていないか
- ✓足のウラの毛が伸びすぎていないか

いつもと違《ちが》うサインに気づいたら、動物病院に連《つ》れて行ってね。

トイ・プードルのようすを毎日よく見ることが大切だよ！

皮《ひ》膚《ふ》と毛	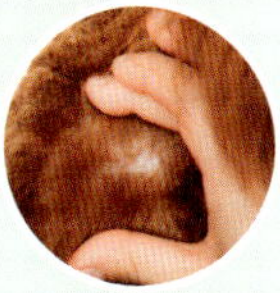	✓毛につやがあり、皮膚にはりがあるか ✓皮膚が赤くなっていたり、ブツブツができていたりしないか ✓さわったときに、はれやしこりがないか ✓フケが出ていないか
おしり		✓おしりやしっぽのまわりがぬれていたり、よごれていないか ✓肛門《こうもん》がはれたり赤くなったりしていないか ✓おしりがくさくないか
ウンチ		✓便秘《べんぴ》をしていないか ✓下痢《げり》をしていないか ✓血がまじってないか ✓ウンチをするときに、苦しそうにしていないか ✓毛やビニール、ひもなどの異物《いぶつ》がまざっていないか
オシッコ		✓赤かったり、にごっていたり、いつもと違う色ではないか ✓いつもより量が多かったり、少なかったりしないか
その他		✓食欲《しょくよく》はあるか ✓水を飲む量が増《ふ》えたり減《へ》ったりしていないか ✓いつもより鳴いたりしていないか ✓くしゃみやせきをしていないか ✓かゆがったりしていないか ✓お散歩《さんぽ》をいやがったりしていないか ✓寝《ね》ている時間がいつもより長くないか

動物病院と仲《なか》よくしよう

トイ・プードルの健康《けんこう》や病気について、なんでも相談できる動物病院をさがしておきましょう。病気になってからでなく、健康なうちから、信頼《しんらい》できるかかりつけの病院を決めておくと安心です。

信頼できる動物病院を見つけよう

病気やケガをしてから動物病院をさがすのでは、手遅《ておく》れになってしまうことも……。健康なうちから、信頼できる動物病院を見つけておいてほしいな。

OPEN
なかよし
動物病院

ポイント1 トイ・プードルにくわしい先生がいる

犬にくわしいだけではなく、トイ・プードルの特徴《とくちょう》を知っている獣医《じゅうい》さんだと安心。飼《か》い方の相談にのってくれたり、健康でいられるためのアドバイスをしてくれたりする獣医さんがよいでしょう。

どこの
動物病院に
行ってますか？

トイ・プードルを動物病院に連《つ》れて行く前に、ようすを見に行ってみましょう。 近所で犬を飼っている人がいれば、どこの病院がよいかを聞いてみるのもよいですね。

ポイント2 家から近いところにある

できれば家の近くの動物病院がおすすめです。近所であれば、急に具合が悪くなっても、すぐに連れて行くことができます。遠いと動物病院につくまでに、容態《ようだい》が悪化してしまうこともあるので、避けたほうがよいでしょう。

受付
あら! ぷぅた君!
先生〜!
動物病院

おうちの方へ たまに通う専門病院であれば多少遠くてもよいですが、緊急のときに備えて、近所の動物病院も探しておきましょう。

ポイント3 検査結果《けんさけっか》などをきちんと説明《せつめい》してくれる

どういう検査をするか、また検査をしたあとはどういう結果だったかを、きちんと説明してくれる獣医さんだと安心です。気になることがあれば、質問《しつもん》をしてみましょう。

おうちの方へ ペット医療は自由診療料金のため、動物病院によって診察費が異なります。頻繁に通うのであれば診察料の高い安いも重要な問題になるので、事前に診察費をたずねてみると安心です。また、いざというときに備えて、ペット保険に入るという選択肢もあります。

動物病院が清潔《せいけつ》で、明るい雰囲気《ふんいき》かどうかもチェックしよう!

動物病院に連《つ》れて行くとき

ポイント1 おとなといっしょに行く

治療《ちりょう》についての専門《せんもん》的《てき》な説明《せつめい》や、診察費《しんさつひ》の話もあるので、動物病院へ行くときはおとなと行きましょう。症状《しょうじょう》を説明するときは、いつもお世話をしている人がしてください。

ポイント2 キャリーバッグに入れる

動物病院は、ほかの動物もたくさんいます。病気がうつってしまうこともあるので、キャリーバッグに入れると安心です。待合室では、静《しず》かに待ちましょう。

ポイント3 症状をくわしく説明する

適切《てきせつ》な治療をしてもらうためには、きちんと症状を説明することが大切。あせらずに落ちついて、獣医《じゅうい》さんに説明しましょう。誤《あやま》って飲みこんでしまったものや、吐《は》きだしたものなど、なにか証拠《しょうこ》があれば持って行きます。

動物病院に行くときは、事前に電話をしてから行くとよいよ。

きちんと症状が説明できるようにメモをとって行こう！

- □ いつから具合《ぐあい》が悪いか
- □ いつもとどこが違《ちが》うか
- □ よくなっているか、悪くなっているか
- □ 今まで病気をしたことがあるか

ポイント4 暑い日には注意を

暑い日に外に連れだすと、熱中症《ねっちゅうしょう》になる危険性《きけんせい》があります。動物病院に行くときは、すずしい時間帯《じかんたい》にしましょう。夏はキャリーバッグに保《ほ》冷剤《れいざい》を入れて行き、こまめに水を飲ませてあげてください。

暑いよう〜

予防接種《よぼうせっしゅ》と健康診断《けんこうしんだん》を受けよう

いろいろな病気を防《ふせ》いでくれるワクチン接種。健康でいるために、1年に1回はかならず受けましょう。そのときに、健康診断もいっしょに行なうのがおすすめ。飼《か》い主《ぬし》さんの目からは健康に見えても、病気がかくれていることもあります。

ワクチン接種でどんな病気が予防《よぼう》できるの？

人にうつる可能性がある狂犬病《きょうけんびょう》の予防接種は、1年に1回はかならず受けなくてはいけません。そのほか、混合《こんごう》ワクチンという予防接種があり、受ければ多くて9種類のおそろしい病気を防ぐことができます。

健康診断はどんなことをするの？

- 体重をはかる
- さわったり、聴診器《ちょうしんき》をあてたりして、体の外と中に異常《いじょう》がないかどうか確かめる
- オシッコやウンチをくわしく調べる
- 血をとって病気がかくれていないか調べる

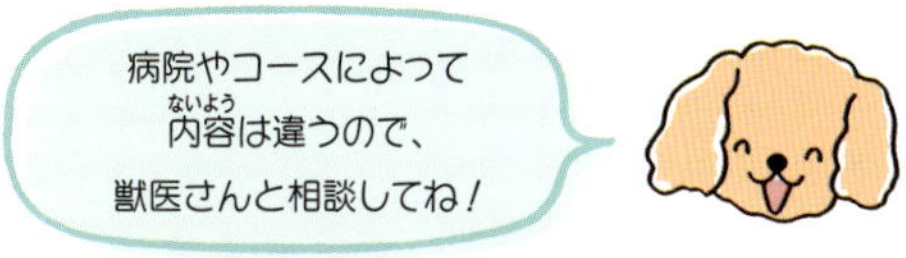
病院やコースによって内容《ないよう》は違うので、獣医さんと相談してね！

動物病院ぎらいを克服《こくふく》しよう！
動物病院に行くのが大きらいなぷうた。
ほら～ 病院に行くよ！
動物病院
ヤダ
だっていやなことされるんだもんっ！
なんとかならないかなぁ……。
そんなときは、ふだんの散歩コースに動物病院も入れてみて。
動物病院
今日は前をとおるだけだよ。
動物病院の前でおやつをあげたりして、「動物病院はいやなところ」のイメージをなくそう！
動物病院
ここに来るといいことがあるんだね！

避《ひ》妊《にん》・去勢《きょせい》手術《しゅじゅつ》を考えてみよう

トイ・プードルに子どもを産《う》ませる予定がなければ、子どもができないように手術をすることをおすすめします。手術をすれば、防《ふせ》ぐことができる病気もあります。

発情期《はつじょうき》ってなに？

おとなになるのがはやいトイ・プードルは、生後6〜10か月くらいで子どもが産めるようになります。この時期になると、メスはおしりから出血します。また、オスはメスに興味《きょうみ》をもちはじめ、興奮状態《こうふんじょうたい》になることもあります。いつもと違《ちが》うトイ・プードルのようすにびっくりするかもしれませんが、動物にとって発情期は自然《しぜん》なことです。この時期にオスとメスが交尾《こうび》すると子どもができてしまうので、産ませる予定がなければ気をつけましょう。

オスの発情期のようす

- しがみついて腰《こし》をふる
- メスのおしりのにおいをかぐ
- メスが近くにいると、興奮状態になる
- オシッコをとばす（マーキング）することがある
- ほかの犬とケンカをする

メスの発情期のようす

- 出血が2週間くらいつづく
- オスに興味をもつ
- オシッコの回数が増《ふ》える
- 落ちつきがなくなる

この時期は、攻撃的《こうげきてき》になることがあるんだ。

⚠注意

発情期の間は犬が集まる場所に行かない

この時期は子どもができてしまったり、ケンカになったりすることもあるので、公園の犬専用《せんよう》スペースなど、犬が集まる場所には行かないようにしましょう。また、散歩中《さんぽちゅう》にほかの犬にあったときも気をつけて！

避妊・去勢手術のよいところは？

子どもを産ませる予定がなければ、子どもができないように避妊・去勢手術を受けさせるという方《ほう》法《ほう》があります。手術を受ければ発情期もなくなるため、一年中おだやかにすごせるというよい点が。また、防げる病気もあります。ただし手術をするともう子どもができなくなってしまうので、家族や獣医《じゅうい》さんとよく相談して決めましょう。

よい点◎

- 予想していなかった妊娠《にんしん》が防げる
- 生殖器《せいしょくき》の病気が防げる
- 発情期がなくなり、おだやかにすごせる
- オシッコをとばす(マーキング)など、飼《か》い主《ぬし》さんにとって困《こま》った行動も減《へ》らせる

悪い点✕

- 子どもが二度とできなくなる
- 食事管理《かんり》をしないと太ることがある

子どもが産まれても飼うことができなかったり、ほかに飼い主さんをさがせないようなら、手術を考えたほうがよいですよ。

おうちの方へ

避妊手術は子宮の病気や乳腺腫瘍、去勢手術は精巣腫瘍や肛門周囲腺腫といった生殖器系の病気を予防するというメリットがあります。繁殖の予定がなければ、受けることをおすすめします。

避妊・去勢手術について教えて！

動物病院によって違いますが、手術は生後7～8か月ころまでに受けるのがのぞましいといわれています。メスはたいてい入院が必要です。かかりつけの獣医さんと相談して、手術の時期を決めてください。

避妊・去勢手術をするのはかわいそう？

避妊・去勢手術をしたら
もう赤ちゃんは
できなくなります。
ぷうたパパ
そんなのかわいそう！と
思う人もいるかもしれません。
ぷうただって悲しいはず！
?
ぷうたくんは悲しくないのよ！
一年中おだやかな
気持ちですごせるし、
手術によって防げる
病気もあるの。
そうなの？
避妊・去勢手術は、
トイ・プードルのためなんです。
赤ちゃんを産ませる予定がなければ、検討《けんとう》してみてね！
ハイ！

かかりやすい病気の原因《げんいん》と治療《ちりょう》

トイ・プードルがかかりやすい病気を紹介《しょうかい》します。
日ごろから予防《よぼう》をして、病気の症状《しょうじょう》に気がついたら
はやめに動物病院に連《つ》れて行きましょう。

足の病気

トイ・プードルは骨《ほね》が弱いので、足の病気やケガが多いの。気をつけてあげてね。

膝《しつ》蓋《がい》骨《こつ》脱《だっ》臼《きゅう》

症状《しょうじょう》と原因《げんいん》 膝蓋骨というのは、後ろ足にある「ひざのお皿」とよばれるところ。これがずれてしまうことを膝蓋骨脱臼といいます。トイ・プードルは遺伝《いでん》でなることが多いので、歩き方がおかしかったり、足が曲《ま》がっているといった症状が出たら、すぐに動物病院に連れて行きましょう。

治療《ちりょう》と予防《よぼう》 痛《いた》みがひどいときは、手術《しゅじゅつ》をすることもあります。予防としては、定期的《ていきてき》に健康診断《けんこうしんだん》を受けて、ひざの状態《じょうたい》をみてもらうことが大切。太りすぎは足に負担《ふたん》がかかるので、気をつけましょう。

すべりやすい床《ゆか》で走ってケガをすると、膝蓋骨脱臼が悪化《あっか》することがあるから注意してね！

後ろ足の片方《かたほう》を上げて、ケンケンしているようなしぐさをしていたら、膝蓋骨脱臼の可能性《かのうせい》があります。

四《し》肢《し》骨《こっ》折《せつ》

症状《しょうじょう》と原因《げんいん》 足の骨がとても細く、骨折《こっせつ》しやすいトイ・プードル。高い所からとび下りたり、ピョンピョンと興奮《こうふん》してとびはねていて、折《お》れてしまうこともあります。強い痛みがあるので、鳴いたり、地面に足がつかなくなったりします。

治療《ちりょう》と予防《よぼう》 ギプスで固定《こてい》したり、手術を行なったりします。骨がつくまでは、おとなしくさせましょう。ふだんから高い所に上がらないなどの注意をすることが、予防になります。

キャン!

抱《だ》っこをしているときは、落とさないように! 骨折してしまうことがあります。

皮膚が赤いかどうかチェックするときは、おなかの色とくらべてみるといいよ!

皮《ひ》膚《ふ》の病気

膿《のう》皮《ひ》症《しょう》

症状《しょうじょう》と原因《げんいん》 細菌《さいきん》が皮膚に感染《かんせん》して起こり、皮膚が赤くなる、ブツブツが出る、毛が抜《ぬ》ける、かゆがるなどといった症状が出ます。とくに顔や股《また》、つけ根、指などによく出ます。

治療《ちりょう》と予防《よぼう》 細菌を殺《ころ》すための抗生物質《こうせいぶっしつ》や、薬用シャンプーを使用して治療します。日ごろから皮膚をきれいに保《たも》つよう、定期的にシャンプーをして、部屋もきれいにしましょう。

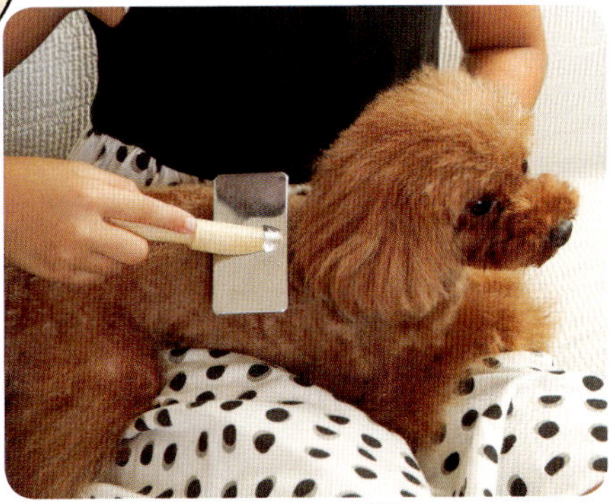

ブラッシングをするときに、皮膚の状態《じょうたい》をチェックしましょう。

⚠注意

ノミやマダニにも気をつけて!

ノミやマダニにさされると、激《はげ》しいかゆみが起こります。それだけでなく、伝染病《でんせんびょう》にかかって貧血《ひんけつ》が起きたり、熱が出たりして、最悪《さいあく》死んでしまうこともあります。人間にもうつるので、予防をすることが大事! 動物病院に月1回行って、薬をぬってもらいましょう。

ノミは一年中いて、マダニは夏に多いよ。草むらにたくさんいるから、お散歩《さんぽ》のときは注意してね!

歯の病気

歯みがきをすれば、
歯の病気は防《ふせ》げるよ！

歯《し》周《しゅう》病《びょう》

症状《しょうじょう》と原因《げんいん》　歯みがきをしないと、歯垢《しこう》や歯石《しせき》がたまります。すると歯ぐきがはれたり、血が出たり、口がくさくなったりします。歯がぐらぐらしていたら要注意《ようちゅうい》。ほうっておくと、歯が抜《ぬ》けてしまうことも。さらに心臓《しんぞう》や肝臓《かんぞう》などの病気になってしまうこともあるので、すぐに動物病院に連《つ》れて行きましょう。口をさわられるのをいやがったり、食欲《しょくよく》が落ちたりするのも歯周病のサインです。

治療《ちりょう》と予防《よぼう》　歯みがきを毎日の習慣《しゅうかん》にすることが、いちばんの予防法《よぼうほう》です。家で行なうのがむずかしければ、動物病院などで歯みがきのコツを教えてもらいましょう。悪化すると全身麻酔《ぜんしんますい》をかけて歯石をとったり、歯を抜《ぬ》いたりしなくてはいけないこともあります。

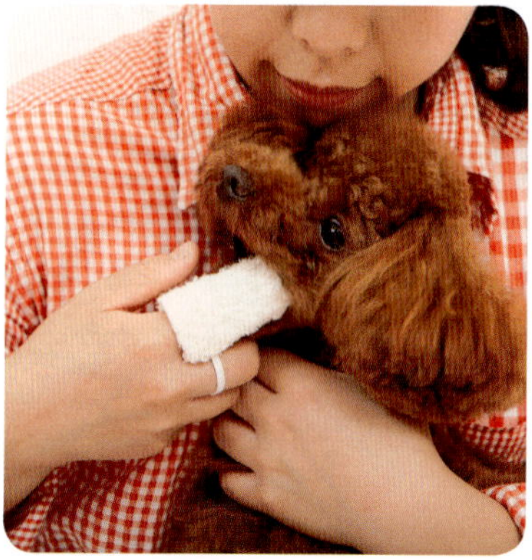
80ページを参考《さんこう》に、歯みがきを習慣にしましょう。

耳の病気

耳の中のにおいをかいで、すっぱいにおいがしたら要注意！

外《がい》耳《じ》炎《えん》

症状《しょうじょう》と原因《げんいん》　トイ・プードルのように耳がたれていて耳の毛が多いと、耳の中がむれやすく、赤くはれたり、ただれたりすることがあります。耳あかがたまっていたり、耳の中がくさかったり、うみが出ていたら、すぐに動物病院に連れて行きましょう。強い痛《いた》みやかゆみがあるので、頭をふったり、後ろ足で耳をかいたりします。

治療《ちりょう》と予防《よぼう》　耳の中を定期的《ていきてき》に見て、耳あかがたまっていないかチェックしましょう。細菌感染《さいきんかんせん》している場合は、抗生物質《こうせいぶっしつ》を使用します。

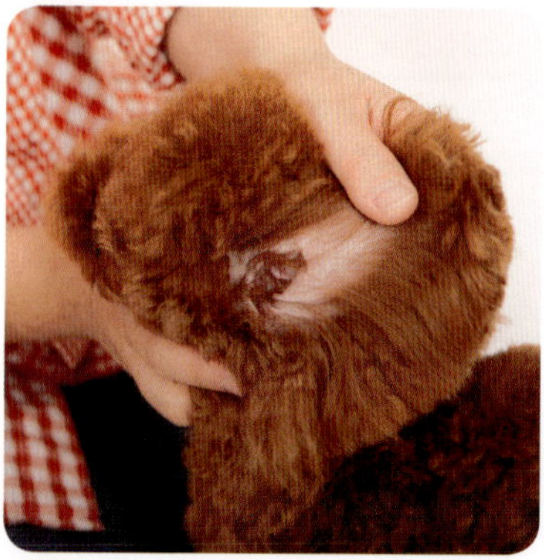
健康《けんこう》なトイ・プードルであれば、耳の中はきれいなはず。耳の中をチェックするときは、根元からめくってしっかり確認《かくにん》を。

目の病気

とくに年をとったら、
白内障に注意してね！

白《はく》内《ない》障《しょう》

症状《しょうじょう》と原因《げんいん》 目の中にある水晶体《すいしょうたい》というレンズが白くにごり、光をとおさなくなる病気です。目が見えにくくなるので、よろめいたり、暗いところをいやがったりするようになります。年をとった犬に多い病気ですが、若《わか》い犬でもなることがあります。

治療《ちりょう》と予防《よぼう》 重症《じゅうしょう》の場合《ばあい》は、にごった水晶体をとりだして、人口のレンズを入れる手術《しゅじゅつ》をします。予防するのはむずかしく、ほうっておくと目が見えなくなってしまうこともあります。定期検診《けんしん》をして、はやく発見できるようにしましょう。

物にぶつかることが多くなったりしたら、視力が落ちているのかもしれません。

流《りゅう》涙《るい》症《しょう》

症状《しょうじょう》と原因《げんいん》 まつ毛が目を刺激《しげき》したり、目の病気が原因で、涙《なみだ》の量《りょう》が増《ふ》えてしまうことを流涙症といいます。涙をふかないでいると、目の下の毛の色が変《か》わってしまい、「涙やけ」ができてしまうことも。皮膚《ひふ》病に発展《はってん》することもあるので、涙がよく出るのであれば動物病院でみてもらってください。

治療《ちりょう》と予防《よぼう》 症状にあわせて目薬をさしたり、必要《ひつよう》に応《おう》じて手術を行なったりします。予防をするのはむずかしいですが、涙が出ていたらこまめにふいてあげることで、涙やけや皮膚病になるのを防げます。

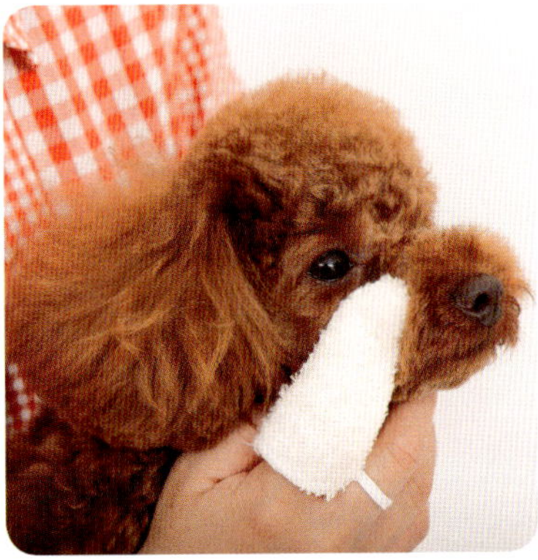

81ページを参考に、ガーゼなどでこまめに涙をふいてあげましょう。

こんなときどうする？

目薬のさし方

あごを持ち上げて固定《こてい》し、目薬が見えないように後ろからすばやくさします。暴《あば》れて目薬の容器《ようき》が目に入っては危《あぶ》ないので、なれるまではおうちの人といっしょに行ないましょう。

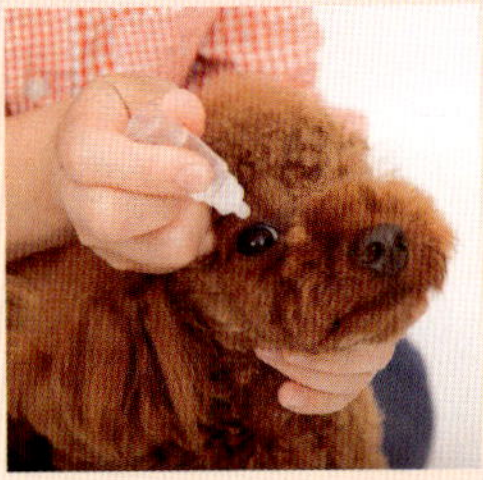

涙が出ていたら
すぐにふいてね。

はやく発見できれば、
進行を止められる病
気なんだって。

心臓《しんぞう》の病気

僧《そう》帽《ぼう》弁《べん》閉《へい》鎖《さ》不《ふ》全《ぜん》症《しょう》

症状《しょうじょう》と原因《げんいん》 僧帽弁閉鎖不全症は小型種《こがたしゅ》に多い病気で、年をとるとかかりやすくなります。心臓《しんぞう》の血液《けつえき》を逆流《ぎゃくりゅう》させないための役割《やくわり》をしている僧帽弁に異常《いじょう》が起こり、心臓で血液の一部が逆流してしまうことで起こります。症状は苦しそうに呼吸《こきゅう》をしたり、せきをしたり、食欲《しょくよく》や元気がなくなったりします。ほうっておくと、ほかのおそろしい病気の原因にもなるやっかいな病気です。

治療《ちりょう》と予防《よぼう》 僧帽弁閉鎖不全症になると心臓の音に「ザッザッザッ」といった雑音《ざつおん》が聞こえるので、心臓に耳をあてて正常《せいじょう》かどうかを定期的《ていきてき》に確認《かくにん》しましょう。また、心臓に負担《ふたん》がかかるので、太りすぎには注意が必要《ひつよう》。かかってしまったら薬で治療をしたり、心臓に負担をかけないように運動をひかえたりします。

肥満《ひまん》は僧帽弁閉鎖不全症のリスクを高めるので、太りすぎには注意を！

いろいろな病気があ
るんだね。予防がと
にかく大切だよ！

その他の病気

動《どう》脈《みゃく》管《かん》開《かい》存《ぞん》症《しょう》

症状《しょうじょう》と原因《げんいん》 動脈管という心臓の血管《けっかん》は、通常《つうじょう》であれば生まれるときに閉《と》じるものですが、まれに閉じずに残ってしまうことがあります。すると心臓に流れる血液が増《ふ》えてしまい、心臓に負担がかかってしまいます。この病気を動脈管開存症といい、元気がない、つかれやすい、成長《せいちょう》が遅《おそ》い、苦しそうに呼吸をする、ザーザーまたはゴウゴウといったような雑音が心臓から聞こえる、などの症状が出ます。

治療《ちりょう》と予防《よぼう》 早く発見できれば、手術《しゅじゅつ》で元気になることがあります。飼いはじめたらすぐに健康診断《けんこうしんだん》を受けて、早期《そうき》発見できるようにしましょう。

生まれつきの病気ですが、まれに5歳以上になって症状が出ることもあります。

血液を運ぶ役割をする心
臓は、生きるうえでとって
も大切な器官《きかん》だよ。だか
ら心臓を手術するのは、す
ごくむずかしいんだって。

すい炎《えん》

症状《しょうじょう》と原因《げんいん》 すい臓《ぞう》に炎症《えんしょう》が起こる病気。突然《とつぜん》発症《はっしょう》する急性《きゅうせい》のすい炎は、熱《ねつ》が出る、吐《は》く、下痢《げり》、食欲がなくなる、呼吸が乱《みだ》れるなどの症状がみられます。症状が重い場合は命に関《かか》わることもある病気で、脂《し》肪分《ぼうぶん》のとりすぎや太った犬が発症しやすいようです。年をとった犬がかかりやすい傾向《けいこう》も。

治療《ちりょう》と予防《よぼう》 軽い場合は点滴《てんてき》や投薬《とうやく》などで治療をしますが、ショック症状があるような重い場合は、長期入院《ちょうきにゅういん》が必要です。予防としては、栄養《えいよう》バランスのよい食事を適量《てきりょう》与《あた》えることが大切。脂肪分の多いおやつはひかえましょう。太りすぎているとすい炎のリスクが高まるので、体重管理《かんり》にも気をつけて。

毎日の食事管理が大切なんだね！ ほかの病気が原因で起こってしまうこともあるんだって。

膀《ぼう》胱《こう》炎《えん》

症状《しょうじょう》と原因《げんいん》 オシッコをためる膀胱に細菌《さいきん》が入るなどして、炎症が起きる病気です。オシッコが出なくなったり、何度もトイレに行くのにオシッコが出なかったり、オシッコに血がまじっているなどの症状がみられたりします。オシッコをするときに痛《いた》がったりするのも、膀胱炎の症状です。

治療《ちりょう》と予防《よぼう》 抗生物質《こうせいぶっしつ》などを使用し、治療を行ないます。結石《けっせき》などがみられる場合は、手術をすることもあります。治《なお》るまでには時間がかかり、さらに治っても再発《さいはつ》しやすい病気なので、はやく見つけて治療することが大切。飼育環境《しいくかんきょう》を清潔《せいけつ》にしたり、トイレをがまんさせないことも予防になります。

トイレのようすは、毎日観察《かんさつ》しましょう。ふだんより回数が多い、オシッコの色が違《ちが》うといった場合は注意を。

こんなときどうする？

薬の飲ませ方

ごはんの中に薬が入ってるよ！

直接《ちょくせつ》口に入れて飲ませる方法もありますが、トイ・プードルが好きな食べ物にまぜてしまうのが、いちばん簡単《かんたん》な方法です。フードにまぜたり、おやつにうめこんだりすれば、たいてい食べてくれます。薬は決められた量《りょう》を与えないと危険なので、おうちの人に確認してもらってから与えてください。

おうちの方へ 薬を与えるときは、かならず立ち会ってください。量や与え方を間違えると、命に関わることもあります。きちんとトイ・プードルが飲み込んだかどうかも確認しましょう。また、お子さんの手が届かないように、保管場所にも注意が必要です。

年をとったトイ・プードルのお世話

トイ・プードルの平均寿命《へいきんじゅみょう》は、だいたい15～16年です。
年をとったトイ・プードルは、生活や体にいろいろな変化《へんか》が出てきます。
少しでも長く元気に暮《く》らせるように、変化にあわせたお世話をしましょう。

トイ・プードルは 10才くらいからお年寄《としよ》り

トイ・プードルの寿命は人間より短く、15～16年くらいだといわれいます。トイ・プードルの10才は、人間でいうと60歳くらいの年齢《ねんれい》。このころになると、体や行動にいろいろな変化が出てくるので、観察《かんさつ》して老化《ろうか》のサインをチェックし、毎日のお世話に役立てましょう。

体の変化は、飼《か》い主《ぬし》さんだけではなく、定期的《ていきてき》な健康《けんこう》診断《しんだん》で獣医《じゅうい》さんにもチェックしてもらおう！ 病気をはやめに見つけられるよ。

老化のサイン

目 目やにがたくさん出たり、目が白くなる白内障《はくないしょう》(151ページ)にかかりやすくなったりします。

耳 耳が遠くなり、まわりの音や飼い主さんの声が聞きとりづらくなります。

足 関節《かんせつ》が弱くなって、歩くスピードがゆっくりになったり階段《かいだん》を登れなくなったりします。 後ろ足でうまく立てなくなることも。

皮膚《ひふ》 いぼやしこりができやすくなります。しこりは、がんの腫瘍《しゅよう》の可能性《かのうせい》があるので、見つけたら動物病院に行きましょう。

毛並《けな》み つやがなくなり、毛が抜《ぬ》けやすくなります。口のまわりを中心に白い毛が生えることも。

チェック!

行動の変化

- □ 寝《ね》ていることが多くなる
- □ お散歩《さんぽ》中に立ち止まる
- □ 怒《おこ》りっぽくなる
- □ 夜に鳴くことが多くなる
- □ ほかの犬や人と遊びたがらなくなる
- □ 食事を残《のこ》すようになる
- □ トイレの回数が増《ふ》える
- □ 歩いていて、ものによくぶつかる

年をとったトイ・プードルのために

ポイント1 すごしやすい環境《かんきょう》にしよう

視力《しりょく》が落ち、足の力が弱くなったことで、トイ・プードルはケガをしやすくなります。部屋を片《かた》づけ、危《あぶ》ない場所にはさくを立て、入れないようにしてケガを予防《よぼう》しましょう。年をとると寝ている時間が増えるので、安心してすごせる寝場所を用意するとよいですよ。

ポイント2 食事をくふうしよう

「老化のサイン」「行動の変化」が見られるようになったら、食事を「シニアフード」に切りかえましょう。フードをお湯でふやかしたり、細かくくだいて食べやすくするのもおすすめです。

小さくくだく
ふやかす

ポイント3 なるべく運動させよう

年をとったトイ・プードルのなかには、散歩に行きたがらなくなる子もいます。でも、散歩をやめると筋力《きんりょく》が落ちてストレスがたまりやすくなるので、やめずにつづけてください。トイ・プードルのペースで、ゆっくり散歩させましょう。

いちばん健康によいのは
15年後
大切な愛犬には長生きしてほしいもの。
まだまだ元気だよ
そのためには、小さいころからの正しい食事と、
ルールを守って食事をあげるよ！
適度《てきど》な運動がかかせません。
きちんとお世話することが長生きのひけつだね！

お別《わか》れのときがやってきたら

どんなに一生懸命《いっしょうけんめい》お世話をしても、
お別れのときはかならずやってきます。
大切なトイ・プードルの最後《さいご》を、しっかり見届《みとど》けましょう。

お別れは、いつかかならずやってくる

命にはかならず終わりがあります。大切に育ててきたトイ・プードルとも、いつかはお別れしなければなりません。たくさんの思い出をくれたトイ・プードルの最後を、しっかり見届けてください。

「ありがとう、楽しかったね」と送りだすために

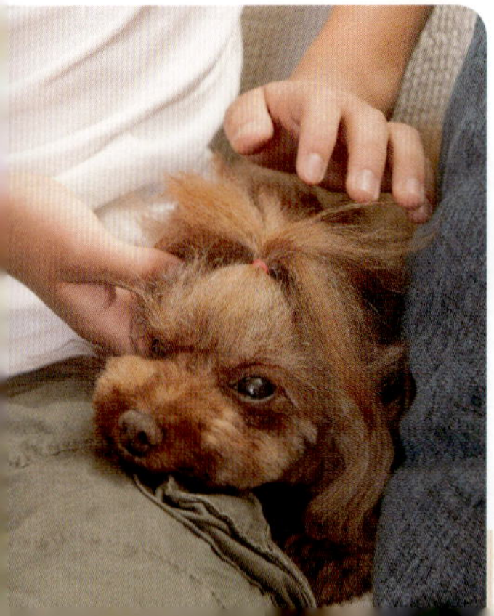

トイ・プードルとのお別れは、一生懸命お世話をしてきた飼《か》い主《ぬし》さんのせいではありません。自分を責《せ》めずに、たくさんの楽しい思い出をくれたトイ・プードルを「ありがとう、楽しかったね」の言葉で送ってあげてください。お別れのときに、「こうしておけばよかった」と後悔《こうかい》することがないよう、お世話をきちんとして、トイ・プードルと暮《く》らす1日1日を大切にしましょう。

お別れを受け入れるということ

大切な家族を失うのですから、その悲しみは想像《そうぞう》以《い》上《じょ》でしょう。でも、トイ・プードルの死から目をそらさないでください。最後まで見送ることが、飼い主さんがトイ・プードルにしてあげられる最後のお世話です。たくさん泣いて、トイ・プードルがいなくなったということをゆっくりと受け入れてください。いっしょに生活していくなかでもらったたくさんのものを受けとって、トイ・プードルのぶんまで前を向いて歩いて行きましょう。

ありがとう!
ありがとう

納得《なっとく》できる方法《ほうほう》で送りだそう

亡《な》くなったトイ・プードルとのお別れは、飼い主さんが納得のいく方法で行ないましょう。お別れの方法はいくつかありますが、最近《さいきん》では、ペットのお葬式《そうしき》をしてくれる「ペット霊園《れいえん》」にお願《ねが》いする飼い主さんが多いようです。

おうちの方へ
トイ・プードルの寿命は15～16年。小学校中学年で迎えた場合、25歳前後でお別れを経験することになります。思春期をふくむ大切な時期をいっしょにすごしてきた愛犬の死にショックを受け、いわゆる「ペットロス」になることも少なくありません。ペットロスは、愛犬の死に納得できずに目をそらしてしまうことが大きな原因となります。保護者の方は、愛犬の命に限りがあること、いつかお別れをしなければならないことを、トイ・プードルが元気なうちから伝えるとよいでしょう。そうすることで、今ある命をもっと大切にできるはずです。また、寿命をまたずに愛犬が死を迎えた場合も、お子様が死を受け入れられるようにサポートしてあげてください。

前を向いて歩きだそう!
トイ・プードルがいなくなったことで、心にぽっかり穴《あな》があいたような気持ちになるかもしれません。
ですが、大切に育てられたトイ・プードルは、たくさんのものを残《のこ》してくれたはず。
それはたくさんの「ありがとう」と、「幸せになって」という願い。
幸せになってね
とっても楽しかったよ
大好きだよ
新しい子も大切にしてね
ありがとう
その気持ちを受けとり、前を向いて歩きだそう!
ぷうた、ありがとう!

Special Thanks!

※50音順で掲載しています

アリス
2008年9月20日生

Valentino
2010年1月11日生

海
2010年3月4日生

ガウラ
2009年11月3日生

カトル
2012年1月10日生

Candy
2004年12月5日生

ココ
2004年10月20日生

サン
2010年1月6日生

Suger
2011年9月29日生

ジョニー
1994年2月25日生

ダリア
2009年10月25日生

美ら
2005年6月10日生

ネオ
2005年4月7日生

ハル
2006年11月12日生

ポロン
2011年8月17日生

むう
2011年8月22日生

Maple
2009年6月22日生

もんた
2011年5月27日生

撮影協力

ペットランド　松戸店
住所：千葉県松戸市松戸新田123-4　電話：047-361-6811　http://www.petlandjpn.co.jp/

DOGYOGA and-eN
http://www.and-en.jp/

Mon chien et moi（モン シアン エ モア）
住所：岐阜県高山市本町3-28 四つ葉　電話：0577-35-3712　http://mon-chien.jp/

［監修者プロフィール］

井原 亮（いはら りょう）

SkyWan! Dog School 代表。家庭犬しつけインストラクター。しつけ方教室チーフインストラクター、犬の保育園の園長、専門学校講師などを経て、ドッグスクールを設立。グループレッスンをはじめ、パピーパーティや問題行動トレーニング、個別レッスン、出張レッスン、犬の保育園、ペットシッターやしつけ相談会など、活動は多岐にわたる。また、カメラマンとしてペットの撮影会でも活躍。写真左から、インストラクターの平山可保里、代表の井原 亮、インストラクターの中川 結。

SkyWan!
Dog School

住所　東京都江東区
木場 3-16-8-2F
http://www.sky-wan.com/

［医学監修（136～153ページ）］

川上由紀（かわかみ ゆき）

ひまわり動物病院院長。獣医師。2008年にひまわり動物病院の院長に就任し、犬や猫のほか、うさぎやフェレットといったエキゾチックアニマルの診療も行なっている。

ひまわり動物病院

住所　東京都江戸川区篠崎町 2-409-5
http://home2.netpalace.jp/dr_kawakami/

スタッフ

カバー・本文デザイン	Zapp!（松田直子・須賀潮実）
イラスト	MICANO.
撮影	松岡誠太朗
編集協力	株式会社スリーシーズン（朽木 彩・草野舞友）

はじめてのトイ・プードルの育て方

2012年11月15日　初版発行

監修者	井原 亮
発行者	佐藤龍夫
発行所	株式会社大泉書店

〒162-0805
東京都新宿区矢来町 27
電話　03-3260-4001（代表）
FAX　03-3260-4074
振替　00140-7-1742
URL　http://www.oizumishoten.co.jp/

印刷・製本　図書印刷株式会社

ISBN978-4-278-03937-5　C0076